解锁AI奥秘

青少年的启智之旅

解锁AI奥秘

青少年的启智之旅

马玉娟　冯越　陶祥明　著

河北大学出版社

·保定·

序　言

在21世纪的第三个十年里，世界步入智能时代。在智能社会中，教育系统仍将发挥理念引领和公民素养培养的核心作用。联合国教科文组织于2024年9月初颁布了全球首份《学生人工智能能力框架》（以下简称《能力框架》），呼吁各国教育界为智能社会培养人工智能的负责任应用者、合作设计者和有创造力的人工智能社会公民。《能力框架》倡导以以人为本的人工智能价值观为出发点，综合界定人工智能伦理知识和智能社会公民责任、服务于终身学习的可迁移人工智能知识和技能、面向社会包容和环境可持续发展的人工智能系统设计能力。《能力框架》同时强调中小学人工智能课程是智能社会公民素养奠基的主渠道，但须与非正规教育动态互补，构建立体交叉的人工智能能力培养体系。2024年11月，教育部办公厅发布《关于加强中小学人工智能教育的通知》，明确了于2030年前在中小学基本普及人工智能教育的目标，并提出构建系统化课程体系、开发普适化教学资源、推动教师供给和教师培养等具体举措。应对人工智能的快速技术迭代、复杂应用分化、深远伦理影响，广大师生既需要正规课程的系统培训，更需要快捷学习资源支持的自学与实践。

本书是在上述国际国内背景下，面向中学生和教师群体开发的人工智能科普读物。该读物的作者具备三十年的一线中小学信息技术课教学经验，并连续二十五年主编优秀中小学信息技术教材。其开发的教材长期引领中国中小学信息技术教育理念和教学设计的发展，曾先后在全国十余个省推广使用。

本书的人工智能专题选择、梯度设计以及符合人工智能认知特点的讲解方式所体现的先进性，得益于作者长期面向一线教师和教研员主持教材培训和教研辅导的丰富经验和理论提炼。

在人工智能技术领域选题上，本书根据近期人工智能领域的基础性技术突破和可能的技术进展，深入浅出地讲解基础性人工智能知识结构和可迁移的技术技能。在讲解抽象原理和复杂技术时，密切结合生活、学习和社会实践的实例与应用场景进行解读。例如，本书中穿插了人工智能大模型应用的案例及讲解分析。为揭秘人工智能系统黑盒背后的技术原理和方法，精选了系列经典算法并结合实例从实际问题出发应用算法，结合算法指导学习程序设计，由浅入深讲解系统编程方法。

为遵循趣味性和生活化的科普原则，本书基于“一种算法一个故事”的编写指导思想，通过案例导入、导读和导练，将复杂的理论融入生活场景中，帮助读者结合生活、学习经验由简入繁理解人工智能的核心原理。例如，通过“游戏闯关”路径解读决策树，展示人工智能如何模拟人类的决策过程完成分类；用“邻里投票”解释K近邻算法，形象化地讲述人工智能如何通过寻找相似点实现分类或推荐；用鸢尾花分类的任务导入K均值算法和层次聚类算法，展示人工智能如何通过聚类方法发现数据中的隐藏规律并进行分类；对于线性回归算法，以房价预测为例，揭示了人工智能如何通过数学建模将复杂的关系转化为清晰的预测结果。同时，本书选择Python语言对上述每一种算法的示例任务编写实施代码，供读者参考、自评学习和测试实践结果。

通过密切结合生活和实践的讲解方式，本

书还希望引导读者切身感受人工智能在技术上爆发式的演进现状，感受人工智能对各领域深度、广度的渗透，尤其提醒读者关注人工智能对社会生活的伦理影响。从知识、技能、价值观的视角，本书试图在普及人工智能基础性技术原理、可迁移技能的同时，帮助读者形成和提升评判人工智能对人类社会发展双面价值的能力。

在人工智能赋能教育成为政策热点和实践难点的历史时期，希望本书能为读者理性看待人工智能的现实价值、逐步学会在生活和工作中负责任和创造性应用人工智能提供帮助。

苗逢春

联合国教科文组织

教育信息化与人工智能教育部门主任

前　言

本书通过体验活动、实例问题解决的过程，向读者介绍人工智能技术的基本原理、应用场景和未来发展趋势，引导读者通过实例了解人工智能技术的典型应用，感受科技的魅力，激发科学探索的兴趣和热情，树立正确的价值观，形成逻辑思维、创新思维和批判性思维。读者可以运用这些思维方法尝试去分析和解决问题。

人工智能作为现代科技的代表，涉及众多领域的知识与技术。通过了解人工智能技术，读者可以开拓科技视野，洞悉相关领域的前沿技术和发展趋势。

当下正处在生成式人工智能技术快速发展的时期，社会智能化所带来的伦理及安全问题日益突出，这需要我们辩证地分析、评价人工智能技术对人类社会发展的积极贡献与潜在威胁，树立安全防范意识，加强防护措施，自觉遵守、维护智慧社会的法规与规范，负责任地应用人工智能技术，并成长为具备科技素养和实践能力的人。

目　录

第1章　感受人工智能的魅力：人机互动

一、人工智能：让机器变得“聪明” ………………………… 4

二、人工智能的“眼睛”和“耳朵”：机器视觉与机器听觉 ………………………… 4

三、从医疗到交通，人工智能如何改变我们的世界 ……… 6

四、人工智能的“幕后”应用………………………… 9

五、人工智能的潜在挑战 ………………………… 12

第2章　人工智能的发展历程：智慧的探索之旅

一、人工智能的起源………………………… 15

二、人工智能的发展历程 ………………………… 18

第3章　人工智能的核心特征与应用探索：从技术到实践的跨越

一、人工智能的基本特征 ………………………… 27

二、人工智能的应用领域 ………………………… 28

三、人工智能的未来………………………… 32

第4章　人工智能与机器学习：让机器学会思考

一、传统人工智能：规则驱动的早期智慧 ……………… 35

二、机器学习：从数据中寻找规律………………………… 35

三、人工神经网络与深度学习：模拟人脑的强大工具 … 35

四、生成式预训练模型（GPT）：人机对话的新高峰…… 36
第5章　数据的奥秘：人工智能的基础力量
一、数据与关键特征：分类的智慧 …………………… 47
二、数据资源的获取：获得学习的“原料” …………… 50
三、数据预处理：从“脏”数据到“净”数据 ………… 53
四、数据特征构造：数据中的智慧提取 ……………… 56
五、训练集与测试集：机器学习的“课堂”与“考试” ……………………………………………… 57
第6章　有监督学习：像老师一样教会机器规则
一、决策树：像游戏闯关一样得到答案 ……………… 64
二、线性回归：用直线连接未来的可能 ……………… 70
三、K近邻算法：邻里投票决定你所属的团队 ………… 77
第7章　无监督学习：像探险者一样自己发现规律
一、K均值算法：从混乱中找到聚集的秩序 ………… 87
二、层次聚类：揭开数据中的隐藏层级关系 ………… 94
第8章　人工智能的双刃剑：问题与应对之道
一、问题与挑战 ……………………………………… 103
二、人工智能伦理问题的应对策略 ………………… 112
第9章　展望人工智能的未来发展：从现状到未来的蓝图
一、人工智能未来发展趋势…………………………… 119
二、人工智能：第四次工业革命的核心驱动力 ……… 120

第1章

感受人工智能的魅力：人机互动

清晨，你还在被窝里，智能音箱播放轻柔的音乐将你叫醒，并提醒你今天的天气情况和待办事项。客厅里的扫地机器人开始清扫地面，而无人机送货员正将你下单的早餐送来。这样的场景曾经只存在于科幻小说中，如今却成为我们的日常生活。这背后，是人工智能正在悄然改变世界。

你是否想过，这些智能设备为何能如此“懂你”？人工智能是什么？它的背后又蕴藏着哪些神奇的技术？

一、人工智能：让机器变得“聪明”

人工智能（Artificial Intelligence，AI）是指赋予机器模仿人类思维和行为能力的技术。从学习到决策，人工智能通过复杂的算法与模型完成了许多需要“智慧”的任务。

约翰·麦卡锡，因在人工智能领域的贡献，在1971年获得图灵奖，被称为“人工智能之父”。

在1956年的达特茅斯会议上，计算机科学家约翰·麦卡锡提出了“人工智能”一词。他希望让计算机具备类似人类的学习和推理能力。人工智能并非单一学科，而是计算机科学、生物学、数学和心理学等多学科的综合产物。

二、人工智能的“眼睛”和“耳朵”：机器视觉与机器听觉

人工智能最基本的技能便是“看”和“听”。机器视觉和机器听觉技术赋予了计算机“眼睛”和“耳朵”，让它们能够感知周围的世界。

1. 机器视觉

当你乘坐轿车进入停车场，停车场的管理系统会自动读取你的车牌信息。离场时，系统自动计算你的停车时间和费用。在你完成支付后，系统为你打开停车场的闸口。其中，就应用了车牌识别技术。

插画绘制方法：

（1）工具选择：《通义》（文字作画功能）。

（2）文字内容：停车场入口，一只造型简约而科技感十足的高清摄像头，它犹如守护者的眼睛，时刻准备捕捉出入场汽车的车牌字符。一辆线条流畅、墨绿色的轿车缓缓驶来，驾驶位上，一位神情专注的司机正驾驶车辆平稳前行。

（3）风格选择：好奇漫画。

在日常生活中还有许多像智能识别车牌这样的应用。无论是智能手机上的面部解锁，还是通过拍照识别植物种类，机器视觉成为我们生活中的一部分，使我们的生活更加便捷，也使工作更加高效。

2. 机器听觉

你是否曾在手机上用语音输入功能快速记录某个想法？或者在家中与智能音箱互动，让它播放你喜欢的音乐或查询天气？这背后是机器听觉技术在提供帮助。作为机器听觉基础的语音识别技术让机器能够理解并回应我们的话语，成为我们生活中的“小助手”。

三、从医疗到交通，人工智能如何改变我们的世界

人工智能不仅在我们的娱乐生活中发挥作用，它还给一些关键的领域带来了革命性的改变。

1. 智慧医疗

想象一下，你去医院检查时，医生用人工智能辅助的设备迅速分析你的医学影像。以前可能需要等待数天的检查结果，现在借助人工智能，医生能很快得出准确的诊断建议。这不仅加速了诊疗过程，还提高了诊疗的精确度。

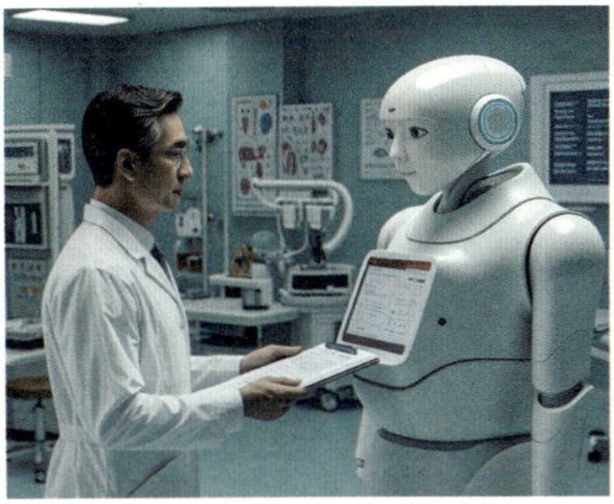

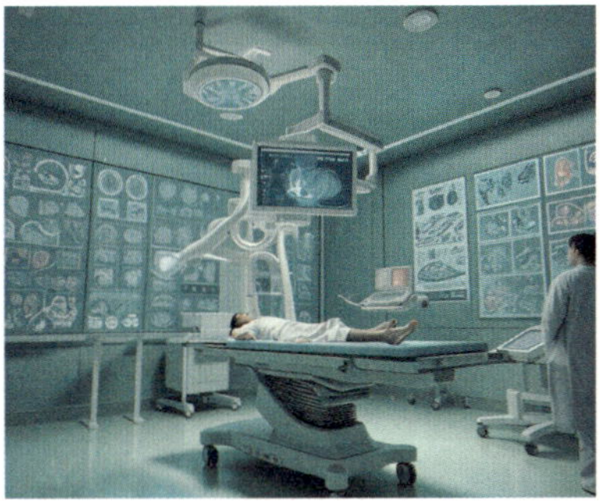

插画绘制方法：

(1) 工具选择：《讯飞星火》。

(2) 图像生成：

①生成上图（左）图像，我们输入的文字内容：

设计一个场景，AI智能识别人类医疗影像。

②生成上图（右）图像，我们输入的文字内容：

在一间现代化的医疗诊室内，墙上挂着各种医学影像图示和解剖学图表。房间中央是一台大型的医疗影像设备，设备上躺着一位患者。医疗影像设备的屏幕发出柔和的蓝光，机器智能系统已经启动。医生站在屏幕前，专注地观察着屏幕上显示的系统分析数据。

？思考：对比两组文字和生成的图像场景，体会图像生成过程中文字表达的重要性，试着总结一下画图“咒语”。

我的“咒语书”

2. 自动驾驶与物流

传统汽车是由驾驶员操控，而未来的自动驾驶汽车将能够自己判断路况、调整行驶速度，并且能够自动启停。人工智能的发展，使物流行业也悄然变化——无人机已开始送货，包裹更快抵达客户手中，减少了人力和用时。自动驾驶汽车和无人机的应用，不仅能够提高工作效率，也降低了交通事故的风险。

体验任务：

以文生图方式创作一个教师的卡通形象。

(1) 工具选择：《讯飞星火》。

(2) 文字内容：为我的人工智能科普书绘制一个教师的卡通形象。

系统生成图如上图（左）所示。

(3) 进一步修改指令，增加的文字内容是：请使用纯色背景。

系统生成图如上图（右）所示。

心得：真是太令人惊喜了，它不仅能读懂我的指令，还可以理解上下文哎！

四、人工智能的“幕后”应用

当下，人工智能已悄无声息地进入各行各业，潜移默化地影响着我们的生活，我们甚至难以察觉它的存在。但事实上，它正在各行各业中发挥着重要作用。

以下是人工智能的一些主要应用领域：

1. 医疗健康

诊断辅助：通过分析病历、医学影像等数据来帮助医生进行诊断。

药物研发：加速新药研发过程，预测药物效果和副作用。

个性化治疗：根据患者的基因组信息定制个性化的治疗方案。

2. 金融服务

风险管理：评估贷款申请人的信用风险，检测金融交易中的欺诈行为。

投资策略：利用机器学习算法制订投资组合优化策略。

客户服务：多以智能客服机器人的形式，回答常见问题并处理客户请求。

3. 零售与电子商务

推荐系统：基于用户历史行为和偏好推荐商品。

库存管理：优化库存结构以降低成本和提高存储效率。

供应链优化：优化物流配送路径，降低运输成本。

4. 制造行业

智能制造：生产设备的自动化控制和维护预测。

产品质量检验：使用机器视觉技术对产品进行质量检查。

工厂安全监控：实时监测工作环境，确保生产安全。

5. 交通与物流

自动驾驶汽车：发展无人驾驶车辆技术，提升交通安全性和效率。

物流调度：优化货物运输路线，降低空载率并缩短运输时间。

公共交通优化：调整公交线路和服务频率，更好地满足乘客需求。

6. 教育行业

在线学习平台：创建适应性学习环境，根据学生表现调整课程内容。

教育机器人：作为教学助手或导师，为学生提供一对一辅导。

学术研究支持：协助研究人员处理文献资料，挖掘潜在的研究方向。

7. 智能家居

智能家居设备：自动响应用户的语音指令或其他输入信息，提供扫地、灯光控制等服务。

家庭安防：通过摄像头、传感器等设备保障家庭安全。

8. 娱乐媒体

内容生成：自动生成新闻报道、音乐、视频等内容。

游戏开发：构建更加复杂和互动性强的游戏环境，包括非玩家角色的行为模拟。

用户画像：分析用户行为，推送符合其兴趣爱好的内容。

9. 智慧农业

精准农业：通过无人机和卫星图像监测作物生长状况，指导灌溉、施肥等作业。

农业机器人：用于播种、收割等工作，减轻农民劳动强度。

10. 法律行业

合同审查：快速准确地审核合同条款，识别潜在风险点。

法律咨询：提供基本的法律咨询服务，解答公众的法律疑问。

11. 公共管理与智慧城市

城市规划：优化城市基础设施建设，提高资源利用率。

政策制定：辅助政府评估政策影响，选择最优实施方案。

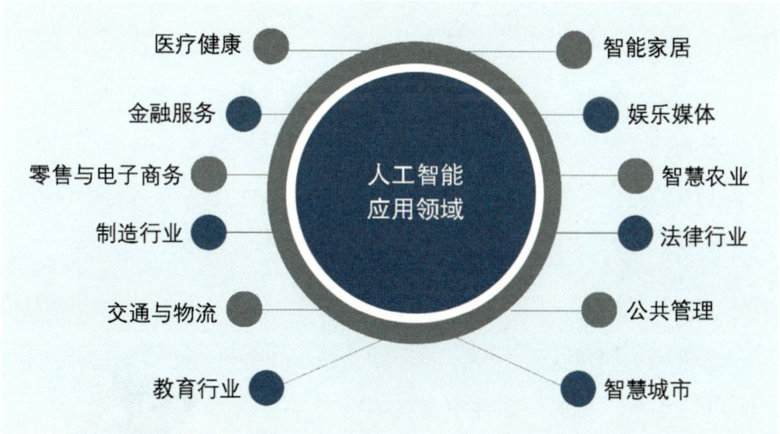

实际上，任何涉及数据分析、模式识别、自然语言处理、机器视觉等任务的领域，人工智能都能发挥作用。

随着技术的进步，人工智能的应用范围还在不断扩大。

五、人工智能的潜在挑战

尽管人工智能为我们的生活、工作带来了许多便利，但它的快速发展也带来了一些挑战与隐忧，我们不能忽视它可能引发的伦理问题和安全隐患。

例如，自动化武器和无人机的出现，虽然提升了作战效率，却也引发了人们对战争伦理的担忧；深伪技术可以利用人工智能合成伪造的视频和声音，让人无法分辨真假，这对个人隐私和社会信任带来了威胁。

因此，尽管人工智能使许多领域实现了巨大的进步，我们依然需要保持警觉，确保它的应用在伦理道德的框架内，并对可能产生的负面影响做好防控。

总的来说，人工智能正以前所未有的速度改变着我们的世界。从家庭的智能助手到医疗、交通、法律等领域的深度应用，人工智能已经成为我们生活中不可或缺的一部分。它让生活更方便、更高效，但也带来了新的挑战和责任。

思考：未来，如何平衡技术进步与伦理道德的关系，将是我们必须面对的重要课题。

第2章 人工智能的发展历程：智慧的探索之旅

一、人工智能的起源

从古至今，人类一直在探索一个根本性的问题：我们究竟从哪里来？这个问题不仅涉及宇宙、生命的起源，也触及人类意识和智慧的来源。人工智能也是这一探索中的一部分，我们试图通过模拟人类智能的方式来理解和再现我们智慧的起源。

1. 古代哲人对智能的思考

在中国古代，许多哲学家对“智能”进行了深刻的思考。例如，孟子曾提出，智能本质上是能够分辨是非的能力。他将这种能力称为“智之端”，即判断是非的第一步。而荀子则认为，智能是一个从感知、认知到决策、行动的完整过程。他认为，智慧并非天赋，而是通过不断地学习与体验积累而来。可以说，古代哲学家的这些思考为后来的人工智能研究提供了重要的理论基础。

2. 计算工具的发展

人工智能的本质是通过机器模拟人类智能，而计算机是实现这一目标的关键工具。从人类最早的计算方式——结绳记事到中国古代人们用算盘进行计算，计算技术一直在不断演进。随着科技的发展，人类的计算工具也变得越来越强大。从早期的机械计算机到现代的电子计算机，计算机的发展为人工智能提供了强大的技术支持。

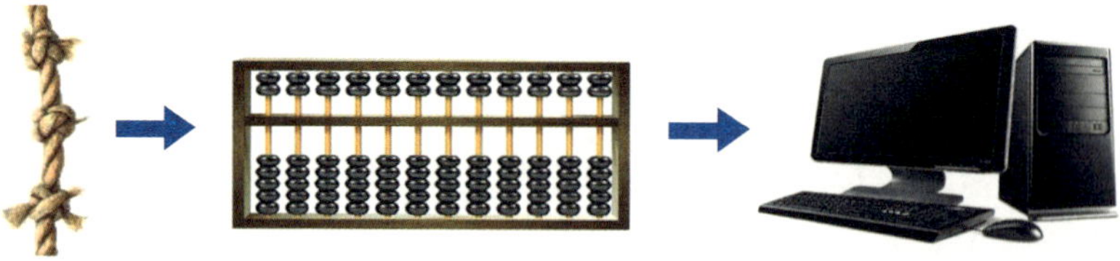
计算工具发展

3. 从可计算到不可计算

20世纪初，数学家们开始思考哪些问题是“可计算的”，即可以通过计算得出结果。与此同时，许多问题则被发现是“不可计算的”，即没有明确的解法或计算方法。

例如，著名的费马大定理提出，当整数$n>2$时，关于x、y、z的方程$x^n+y^n=z^n$，没有正整数解。

虽然今天我们已经知道，当$n\geqslant3$的时候这个方程不可求解，但是人类直到1995年才将其证明。

为了进一步确定哪些问题可以通过计算解决，数学家们提出了“可计算思想”。

1900年，希尔伯特在国际数学家大会上提出了23个数学问题，其中第二个问题探讨了算术公理系统的完备性、一致性和可判定性，开创了对计算能力本质的深入研究。简单来说，这意味着只有在符合一定规则的情况下，问题才能被计算机解决。

1936年，英国数学家艾伦·图灵提出了著名的“图灵机”模型，这为现代计算机科学奠定了理论基础。“图灵机”模型的

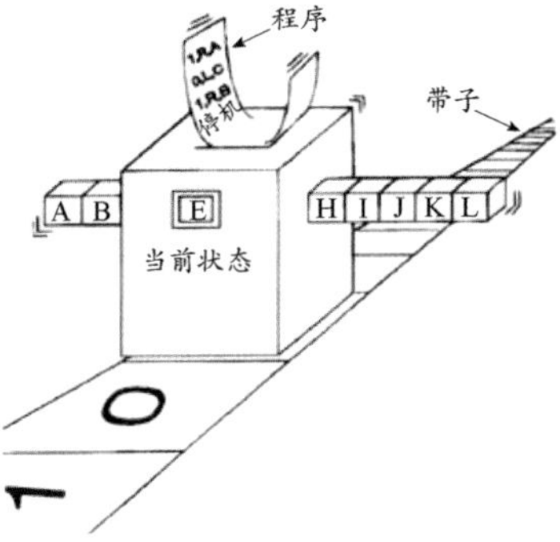

“图灵机”模型

艾伦·图灵

提出不仅帮助我们理解了哪些问题可以计算，哪些不能计算，也为计算机的发展指明了方向。今天，图灵奖被誉为计算机科学的最高荣誉，正是为了纪念图灵对计算机科学的贡献。

从古代哲学家对智能的思考到现代计算机的诞生，人工智能的起源可以追溯到人类对智慧本质的探索。它不仅关乎机器如何模拟人类的智能，也与我们如何理解自己智慧的本质息息相关。随着计算机科学和人工智能的发展，我们对智慧的理解也越来越深入，人工智能也正一步步接近让机器具备类似人类智能的目标。

二、人工智能的发展历程

1. 人工智能走上历史大舞台

1956年夏，几位杰出的科学家在美国达特茅斯学院组织了一个历史性的研讨会，这个会议被认为是人工智能诞生的标志性事件。约翰·麦卡锡、马文·明斯基、克劳德·香农和内森尼尔·罗切斯特等科学家齐聚一堂，讨论如何让机器模仿人类的智能行为。在研讨会上，麦卡锡首次提出了“人工智能”这个概念，标志着人工智能作为一门独立学科的诞生。由此，1956年被视为人工智能“元年”。

人工智能的发展经历了曲折的过程，每个阶段都深刻影响了人工智能的未来。

约翰·麦卡锡

马文·明斯基

克劳德·香农

内森尼尔·罗切斯特

(1) 第一个上升期(1956—1973年)

人工智能概念的诞生让科学家们对机器能在短时间内实现机器智能充满信心。研究人员充满热情,开始了积极的探索。这一时期,人工智能领域取得了一些令人瞩目的成就,如第一个神经网络模型的设计和机器学习的初步定义。这些进展使得一些简单的推理任务可以通过机器智能程序自动完成。然而,当遇到更复杂的问题时,人工智能无法取得突破。

其主要原因在于,计算机的计算性能有限,内存容量小,处理速度慢,难以应对复杂问题的计算需求。此外,由于数据匮乏,计算机难以从数据中学习到足够的知识。因此,人工智能的研究热度逐渐消退,许多预期未能实现,投资也开始减少。人工智能的发展开始进入低谷期。

1973年,英国数学家詹姆斯·莱特希尔发表了一份对当时英国人工智能研究的评估报告,指出当时的人工智能研究存在许多问题,特别是机器人研究的进展令人失望。该报告建议取消机器人的研究。自此,人工智能发展进入了第一个低谷期,

许多机构停止了对人工智能研究的资助。

（2）第二个上升期（1980—1987年）

20世纪80年代，随着计算机硬件的进步，人工智能发展再次迎来了一个上升期。此时，专家系统和神经网络的研究开始受到关注。专家系统成为人工智能的一个重要应用领域，主要用于根据化学知识鉴别未知的有机化合物分子结构。专家系统由许多“若A则B”的规则组成，通过输入大量规则和知识来提升系统智能。

然而，专家系统的开发和维护费用高，而且其应用领域有限。此外，尽管神经网络研究取得了一定的进展，但整体上仍存在许多难题，特别是在更广泛的应用上未能取得突破。这些因素导致世界各国减少了对人工智能的投资，使得人工智能进入了第二个低谷期。

（3）第三个上升期（1993—2015年）

1993年起，人工智能逐渐走出“寒冬”，开始迎来新一轮发展。这一时期，人工智能的研究逐渐建立起严格的数学基础，并转变成一门科学，研究领域还扩展到机器学习、机器视觉、自然语言处理等方面。

机器学习成为人工智能的研究重点。机器通过从数据或行动中学习，不断优化性能。例如，强化学习的应用让机器能够像人类一样从经验中积累知识，甚至表现出超越人类的能力。AlphaGo（阿尔法围棋）正是通过强化学习训练出来的程序，它在围棋领域的超凡表现展示了机器学习的巨大潜力。

（4）人工智能的普及应用期（2015年至今）

进入大数据时代后，人工智能迎来了真正的爆发期。互联网的迅速发展带来了海量数据，这为人工智能的成长提供了肥沃的“土壤”。随着图形处理器（GPU）、大数据集群以及专用AI芯片迅速发展，人工智能的计算能力得到前所未有的提升。

如今，卷积神经网络（CNN）、循环神经网络（RNN）、长短期记忆网络（LSTM）等复杂模型不断涌现，对数据质量和数量的需求日益增加。而互联网的发展为人工智能提供了大量高质量的数据集，这些数据集被用于训练机器，提高其智能水平。

当前，人工智能能够处理并理解自然语言、图像、视频等各种形式信息，这使得人机交互变得更加友好、直观，推动了人工智能技术的跨领域应用和普及。随着算法、数据和算力的相互促进，人工智能发展进入了“快车道”。

2. 图灵测试

艾伦·图灵是人工智能的奠基人之一，他对智能的定义和测试提出了深刻的思考。

为了判断一个系统是否具有人类般的智能，图灵提出了一个著名的测试——图灵测试。图灵测试的核心思想是：如果一个计算机系统能在与人类的对话中让人类无法分辨出其回答来自机器还是人类，那么就可以认为该系统具有人类一样的智能。

具体过程如下：准备两个房间，一个房间里是声称具有与人类相当智能的计算机，另一个房间里是人类。测试者提问20个问题，分别从计算机和人类的回答中获取答案。然后，测试者将这些答案混合起来，自己判断哪个是来自计算机，哪个是来自人类。如果测试者能够准确分辨出计算机和人类的回答，那么计算机不具有人类智能；如果测试者无法区分，那么计算机就被认为通过了图灵测试，具有相当于人类的智能。

图灵测试的意义在于，它不依赖于机器内部的实现细节，而是侧重于机器在执行任务时的外部表现。这使得图灵测试成为衡量人工智能系统智能水平的一种简单而直观的方法，也为后来的人工智能研究提供了一个理论上的基准。

第3章

人工智能的核心特征与应用探索：从技术到实践的跨越

一、人工智能的基本特征

人工智能是以机器为载体来实现类人智能，它是一门综合性学科，涉及哲学、心理学、认知科学、计算机科学、数学、工程学等多个领域。这些学科为人工智能的研究和发展提供了知识基础和研究方法。从模拟人类智能角度而言，人工智能研究的核心内容涉及机器学习、推理与问题求解、机器人学、机器视觉、自然语言处理和社会伦理道德等方面。

通过了解人工智能研究的核心内容，我们可以归纳出人工智能的基本特征有以下三点：

①由人的创造而来，服务于人；计算是核心，数据为基础。人工智能系统的本质作用就是计算，它通过对大数据的采集、加工处理、分析和挖掘，获得有价值的新信息和知识模型，拓展延伸人类智慧。

②能够感知物理环境并及时响应，能够与人交互。像人通过视觉、听觉、嗅觉和触觉等不同感觉器官获得来自外部环境的各种信息一样，人工智能系统借助传感器等器件感知物理环境信息，从而会看、会听、会说、会行动、会思考和会学习。人与人工智能系统之间可以互动，人工智能系统能够“理解”人类乃至与人类共同协作、优势互补。

③具有自适应性，具有自主学习和优化迭代能力。人工智能系统具有一定的随周围环境、数据信息或任务的变化而自适应地调整参数或优化、更新系统算法的能力，因此在诸多领域

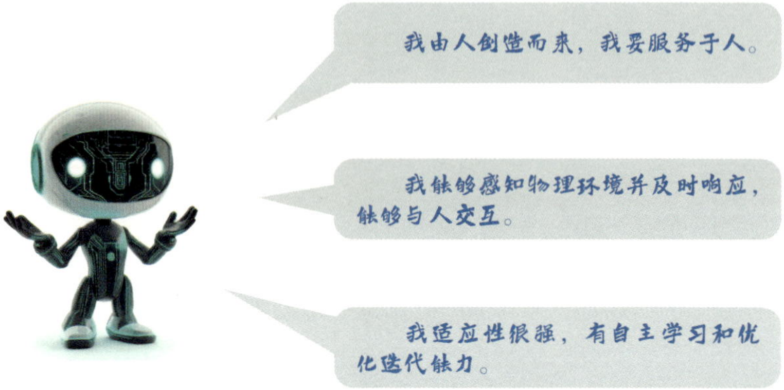

得到广泛应用。

二、人工智能的应用领域

人工智能技术飞速发展，不仅在理论和方法上取得了突破，还在众多行业中发挥着越来越重要的作用。从制造到医疗，从教育到交通，人工智能正在悄然改变着我们的工作和生活方式，推动着产业变革与社会进步。

人工智能最显著的应用之一便是智能制造。通过将信息技术与先进制造技术深度融合，智能制造不仅提升了生产效率，还让管理系统能够“自感知”“自学习”，甚至具备“自决策”与“自执行”的能力。这种全新的生产方式使得制造业变得更加灵活、智能和高效，极大地推动了产业的升级。

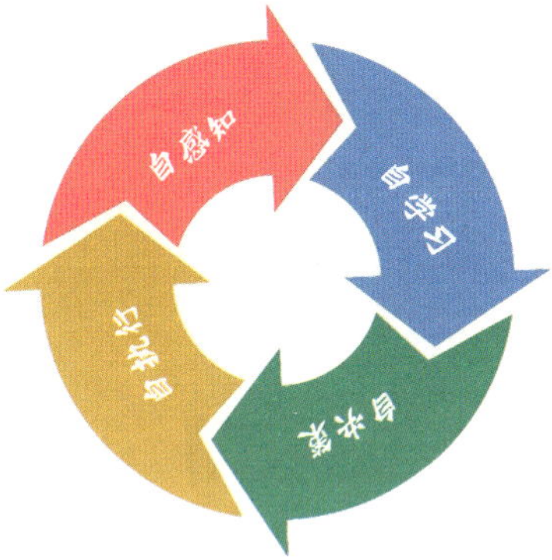

人工智能技术也在农业发展中起到关键作用。通过结合物联网、云计算等技术，智慧农业系统可以实时感知环境变化，分析土壤、气候等数据，实施精准施肥、灌溉，甚至预测病虫害发展趋势并提前采取措施。这些技术的应用不仅提升了农产品的产量和质量，使农业生产变得更加可持续与高效，还推动了传统农业向智慧农业的转变。

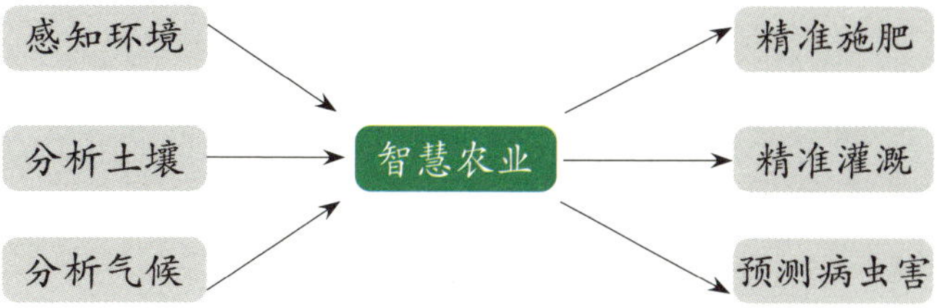

人工智能还在金融领域发挥着重要作用。智能化的金融服务系统可以通过分析海量数据，为客户提供量身定制的理财建

议，帮助银行和保险公司更准确地进行风险评估、授信和投资决策。同时，人工智能技术的应用使得金融服务更加便捷和个性化，极大提升了用户体验感。

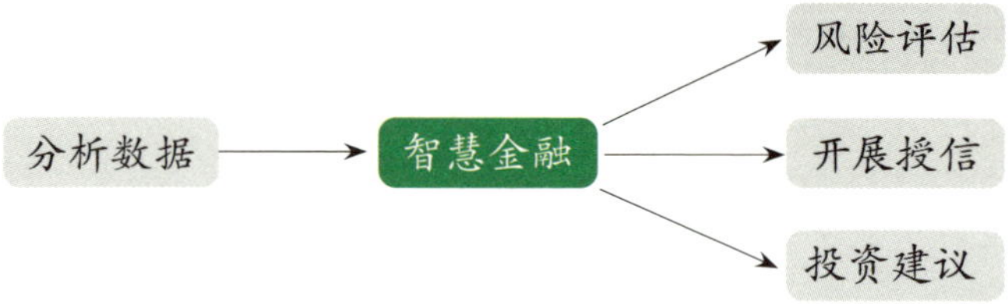

在交通领域，智慧交通系统能够实时监测交通流量，优化信号灯配时，减少道路拥堵并提升公共交通的效率。此外，自动驾驶技术的进步让未来的交通方式变得更加安全、便捷和环保。

在医疗行业，人工智能正在改变传统的医疗模式。从医学影像分析到疾病预测，人工智能可以帮助医生更快、更准确地做出诊断，甚至能够为复杂的病例提供治疗方案。人工智能的应用还使医疗服务更加高效，让医生能够将更多的时间用于与患者的交流与治疗。

教育领域同样受益于人工智能的应用。智慧教育系统通过集成先进的学习工具和技术，不仅能够根据学生的个性化需求提供定制化的学习内容，还能实时记录学习进度、分析学习数

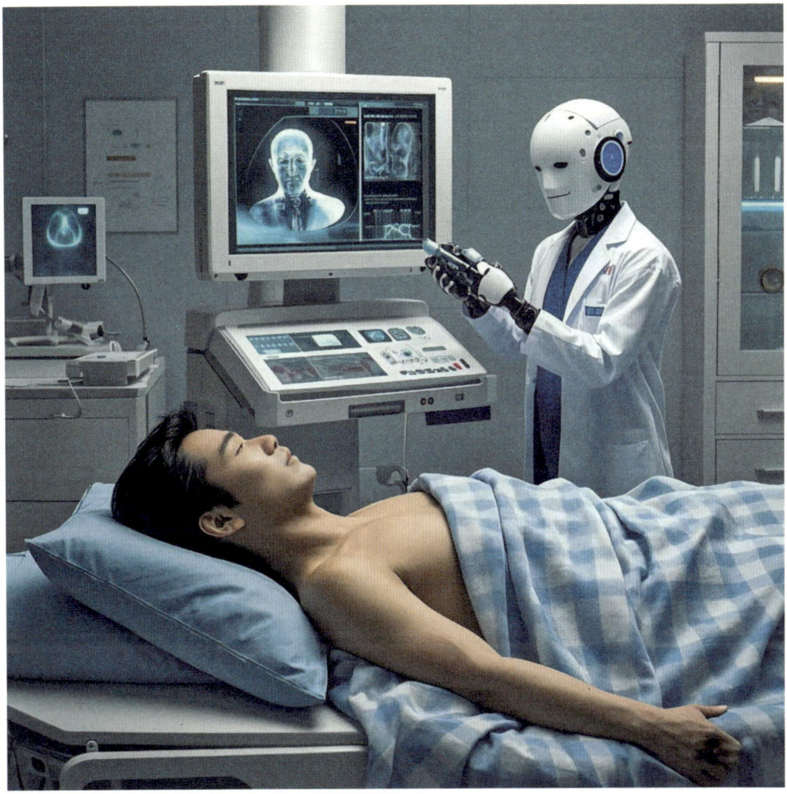

据，及时调整教学策略。这不仅提升了教学效率，也让每个学生都能享受到个性化的教学服务，真正实现了因材施教。

智能安防系统利用人工智能技术分析监控视频和图像数据，自动识别潜在的安全隐患，及时发出预警并采取措施，大大提升了环境的安全性。

《豆包》生成的智慧教室学习场景图

人工智能渗透到各行各业，为社会带来前所未有的改变，让我们进入了一个更加智能、高效和便捷的时代。

三、人工智能的未来

尽管人工智能在许多领域表现出色，但它尚未具备情感和创造力。未来，人工智能如何与人类智慧结合，如何应对伦理和安全问题，将决定其能为社会创造多大的价值。从核心特征到实际应用，人工智能正在书写一部从技术到实践的变革史。未来，它将继续推动社会进步，同时引发更多深刻的思考。

第4章

人工智能与机器学习：让机器学会思考

人工智能的核心能力之一便是“学习”，而机器学习是赋予机器这一能力的关键途径。从最早的规则驱动到如今的数据驱动，机器学习使得人工智能能够从数据中发现规律，并将这些智慧广泛应用于社会生活中。

一、传统人工智能：规则驱动的早期智慧

早期人工智能依赖于人类编写的规则，例如“如果……那么……”语句。这种符号主义方法在逻辑推理上表现良好，但在处理复杂和动态的任务时显得笨拙。

二、机器学习：从数据中寻找规律

机器学习不再局限于人工编写规则，而是通过分析海量数据自动构建模型，通过数据训练实现模式识别和决策优化。它的主要学习方式包括：

①有监督学习：使用带标记的数据进行训练，典型应用如语音助手识别语音命令。

②无监督学习：在没有标记的数据中发现隐藏规律，如客户群体的聚类分析。

③强化学习：通过环境反馈不断优化决策策略，AlphaGo便是通过强化学习击败了围棋世界冠军。

三、人工神经网络与深度学习：模拟人脑的强大工具

人工神经网络（ANN）是模仿生物神经系统的模型，通过

层层“神经元”的连接，能够实现复杂模式的学习。深度学习则是神经网络的一种延伸，它在语音识别、图像处理等领域取得了突破性进展。

四、生成式预训练模型（GPT）：人机对话的新高峰

近年来，以GPT为代表的生成式预训练模型（Generative Pre-trained Transformer）成为机器学习的“明星”。GPT是一种基于深度学习的语言模型，能够生成类似人类的自然语言文本。它的特点包括：

①上下文理解：能够根据前后文生成连贯的文字。

②多用途：可应用于内容创作、自动翻译、代码生成等领域。

③持续优化：从GPT-1到GPT-4，模型规模和效果大幅提升。

案例1：用《豆包》生成宣传文案

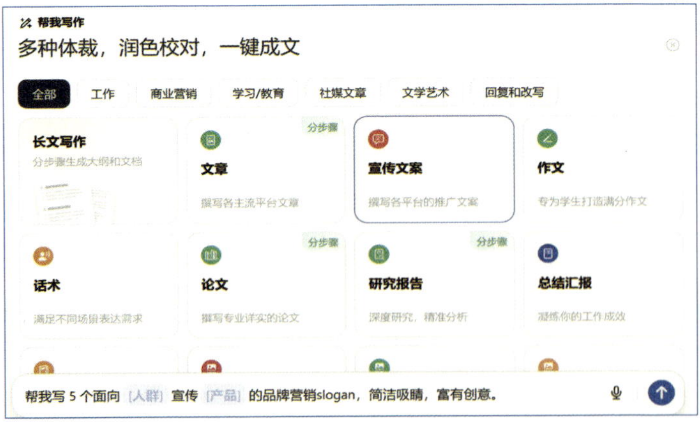

1. 参照提示给出指令，如关键词设置为科技爱好者、产品

VR（虚拟现实）。

2.《豆包》给出宣传文案，如下图所示。

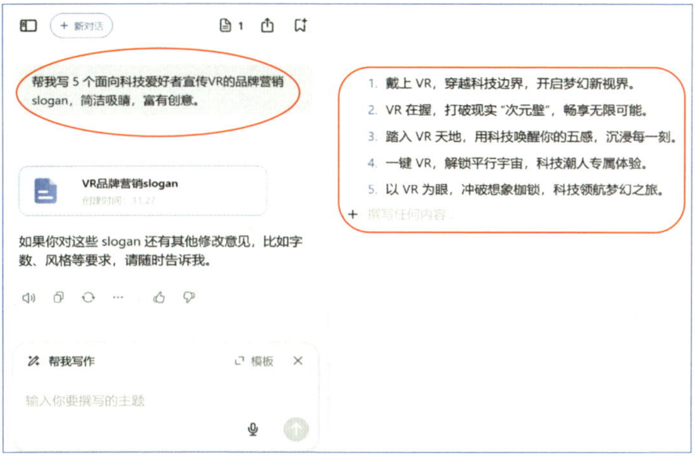

3. 体会软件的“上下文理解”能力。

继续输入修改意见：请进一步优化，面向青少年，字数控制在12个字之内。

4. 软件给出的宣传文案修改结果如下图所示。

以下是为你重新生成的 5 个面向青少年的 VR 品牌营销 slogan：

1. 青春遇 VR，趣探奇妙视界
2. 少年 VR 行，智享科技潮玩
3. 萌动青春，VR 酷玩新体验
4. 酷仔酷妹，VR 潮趣新视界
5. 青春 + VR，解锁幻彩新篇

这些 slogan 都在12个字以内，简洁吸睛且富有创意，希望能帮助到你！

案例2：用大模型文生图功能创作作品

目标：诗配图。

选择一首你喜爱的描写季节的古诗，如《山行》。

山行

唐・杜牧

远上寒山石径斜，白云生处有人家。

停车坐爱枫林晚，霜叶红于二月花。

诗的解释为：

深秋时节，沿着远处的石子铺成的弯曲小路上山，在那生出白云的地方居然还有几户人家。停下马车是因为喜爱深秋枫林的晚景，经秋霜染过的枫叶，比二月的春花还要红。

1.《豆包》按诗的原文生成图片如下。

2. 继续给出设计指令，修改图片。

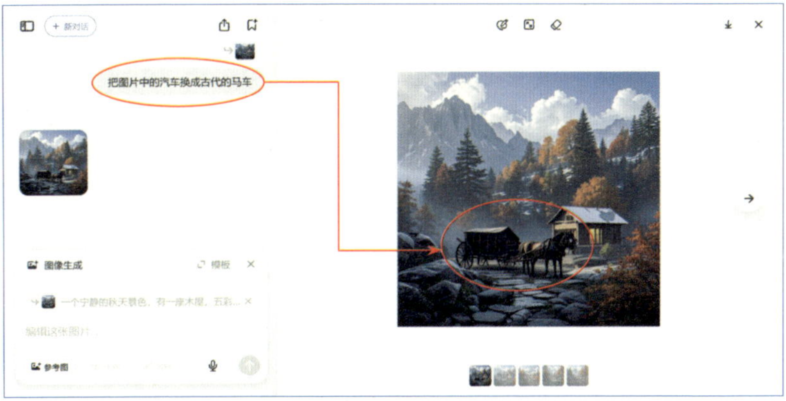

💡 注：体会大模型对语义的理解。

3.《豆包》按诗的解释文字生成图片如下。

4.《通义》按诗的原文生成图片如下。

5.《通义》按诗的解释文字生成图片如下。

观察文生图的效果，了解大模型对文字的理解方式。

人工智能技术，尤其是大模型，正朝着更加智能化、专业化、普及化的方向发展，同时保持快速迭代，不断为各个行业带来新的机遇和挑战。

人工智能不同的学习方式催生了一系列人工智能技术应用，这些应用越来越多地以“人工智能即服务（AI-as-a-Service）”的形式呈现出来。

国内“人工智能即服务”技术平台示例

科技公司	技术平台	平台描述
阿里巴巴	阿里云（Alibaba Cloud）	提供各种基于云的人工智能工具，满足企业、网站或应用软件的需求 https://www.alibabacloud.com
阿里巴巴	通义	阿里达摩院推出的大模型，拥有千亿参数，可用于智能问答、知识检索、文案创作等场景 https://tongyi.aliyun.com
智谱华章	智谱清言	基于GLM模型开发，支持多轮对话，具备内容创作、信息归纳总结等能力 https://chatglm.cn
腾讯	混元（元宝、元器）	由腾讯公司全链路自研，在高质量内容创作、数理逻辑、代码生成和多轮对话上性能表现卓越，处于业界领先水平。混元API（应用程序接口）支持AI搜索联网插件，通过整合腾讯优质的内容生态（如微信公众号、视频号等），提供强大的时新、深度内容获取和AI问答能力 https://hunyuan.tencent.com

续表

科技公司	技术平台	平台描述
百度	飞桨（EasyDL）	支持客户构建无须编写代码的优质定制人工智能模型 https://ai.baidu.com/easydl
科大讯飞	讯飞星火	认知智能模型，拥有跨领域知识和语言理解能力，能够基于自然对话方式理解与执行任务 https://xinghuo.xfyun.cn
字节跳动	扣子	新一代AI应用开发平台，无须代码，轻松创建，支持发布多平台、WebSDK及API https://www.coze.cn
字节跳动	豆包	为创作者打造的AI助手，支持视频脚本撰写、文案生成、营销策划等 https://www.doubao.com
上海人工智能实验室	浦育	平台提供一站式的AI学习服务，包括课程、实践案例和科创活动服务。平台的核心目标是帮助中小学生学习人工智能知识和技术，特别是如何进行实际操作和项目实践 https://www.openinnolab.org.cn
杭州深度求索人工智能基础技术研究有限公司	DeepSeek	基于自研千亿参数大模型，提供高效推理与精准内容生成服务，支持智能问答、数据分析、代码生成等场景 https://chat.deepseek.com

人工智能应用领域与其人工智能学习方式（部分）

<table>
<tr><th>人工智能应用领域</th><th>人工智能学习方式</th><th>应用方向</th><th>发展情况</th></tr>
<tr><td>自然语言处理</td><td>机器学习（特别是深度学习）、回归分析和K均值算法</td><td>自动生成文本（如自动新闻字幕制作）和解释文本，包括进行语义分析（如翻译）</td><td rowspan="3">自然语言处理、语音识别和图像识别精确度均在90%以上。但是，有研究人员认为，在新的人工智能范式发展起来之前，即使有更多的数据和更快的处理器，这些技术也不会有多大提升空间</td></tr>
<tr><td>语音识别</td><td>机器学习，特别是一种名为“长短期记忆网络（LSTM）”的深度学习循环神经网络</td><td>将自然语言处理技术应用到机器口语交互中（包括智能手机语音功能、人工智能个人助理和银行服务中的对话机器人等）</td></tr>
<tr><td>图像识别和处理</td><td>机器学习，特别是深度学习卷积神经网络</td><td>人脸识别（如电子护照）、手写识别（如自动邮政分拣）、图像处理（如深伪技术）以及无人驾驶等</td></tr>
<tr><td>自主代理</td><td>有效的老式人工智能和机器学习（如深度学习、自组织神经网络、进化式学习和强化学习等）</td><td>智能家居、自动驾驶汽车、工业机器人、金融服务、客户服务、医疗服务、智慧农业等</td><td>研究工作聚焦于智能涌现、协作活动、情境性和具身化等受相对简单生物生命形式启发的特性</td></tr>
<tr><td>情绪检测</td><td>贝叶斯网络和机器学习，特别是深度学习</td><td>文本、行为和面部情绪分析等</td><td>全球多种相关产品正在研发中，但这类技术的应用存在争议</td></tr>
</table>

续表

人工智能应用领域	人工智能学习方式	应用方向	发展情况
用于预测的数据挖掘	机器学习（特别是有监督学习和深度学习）、贝叶斯网络和支持向量机	财务预测、诈骗侦测、医疗诊断、天气预报和智慧城市管理等	数据挖掘应用程序数量正在呈指数级增长，从预测购买行为到解读含噪脑电图信号，应用颇广
人工创作	生成式对抗网络（GAN）（一种涉及两个神经网络彼此对抗竞争的深度学习技术）、自回归语言模型（采用深度学习算法来生成“类人”的文本）	创作新照片、新音乐等新艺术作品或新故事的系统	生成式对抗网络是一项前沿人工智能技术。一种名为GPT-3的自回归语言模型可以生成令人惊叹的“类人”文本，但是在表象之下，这个系统并不理解它所输出的文本。GPT-3推出后，模型在不断地更新和优化

第5章

数据的奥秘：人工智能的基础力量

数据是人工智能发展的重要基础，是构建智能模型的基石。从原始数据到精炼特征，数据的收集、预处理和特征构造决定了人工智能的应用质量。通过理解数据的奥秘，我们可以更清晰地了解人工智能的强大力量从何而来。

一、数据与关键特征：分类的智慧

在日常生活中，我们无时无刻不在进行分类：书籍按学科摆放，家具按功能布置，商品按类别陈列。这些看似简单的分类行为，对人工智能来说却是复杂的学习过程。

数据是人工智能学习的“原料”，而关键特征是数据中承载分类和分析意义的部分。

例如，我们设定一个用于分类的特征，将下图中的自行车分成两类。

一组自行车

分类结果如下：

自行车分类

分类特征	类别1	类别2
男女车型特征		
有无前车筐特征		
有无后车架特征		

数据是未经加工和整理的“原料”，是可以记录、通信和能识别的符号，它通过有意义的组合来表达现实世界中的某种实体（具体对象、事件、状态或活动）的特征，数据中含有许多关键特征信息。

如果人工智能要完成自行车分类的工作，那么“数据”和“关键特征”可以分别定为：

自行车关键特征

数据： 自行车数据集。

关键特征： 材质、男女车型、车身颜色、有无变速器、有无减震装置、有无车灯等。

人工智能可以根据我们对数据指定的一个或多个关键特征，或从现有的数据中分析出关键特征，发现潜在数据联系后，建立相应的分类模型，根据分类模型完成分类工作。

常见的应用是让机器自动对物品进行分类，如在建筑工地的施工现场通过摄像头随时发现未戴安全帽的人员。

人工智能执行分类任务时，在确定了数据后，若依据不同的关键特征进行分类，得到的分类结果也是不同的。

人工智能的分类技术就是模仿人类的分类方法，先观察、分析需要分类的对象（即数据），找到分类的关键特征，依据关键特征进行分类，最终实现分类的目标结果。分类过程如下图所示。

分类过程

人工智能要实现正确分类，必须先提取关键特征。提取的关键特征越多，可以获得的信息也会越多，但进行分析时会更耗时，也可能受过多不相干的关键特征信息影响导致分类能力下降。因此，所确定关键特征良好与否以及所确定关键特征的数量对于分类都很重要。

二、数据资源的获取：获得学习的“原料”

人工智能需要海量数据作为学习基础。那么，这些数据从哪里来呢？

1. 国家数据平台、政府数据开放平台

国家数据平台、政府数据开放平台等平台在相应网络上公开发布数据，我们只要遵守数据平台使用相关规定就可以通过网络下载自己需要的数据资源。如下图所示。

北京市公共数据开放平台网站首页

2. 网络爬虫爬取

在讲网络爬虫之前，先了解使用浏览器浏览网页的原理。当我们在浏览器的地址栏输入网址或点选某个网址的超链接时，表示我们正在向该网址所指定的服务器发出访问申请。服务器收到请求后会回传HTML（超文本标记语言）源代码的网页内容，浏

览器再将HTML格式的内容进行解析后呈现出网页内容。

当想要的原始数据存放在网页上时，我们可以尝试通过编写网络爬虫程序来获取数据。网络爬虫也称网络机器人或网络蜘蛛，是一种模拟浏览器发送网络请求、接收响应，按照一定规则自动抓取互联网信息的程序。根据目的和工作方式的不同，常见的网络爬虫包括通用网络爬虫、聚焦网络爬虫、增量式网络爬虫、深层网络爬虫等。聚焦网络爬虫应用如下图所示，图的上部是网页呈现内容，中间为爬虫程序部分代码，图的下部是获取的数据。

```
def write_data(data, name):
    file_name = name

    with open(file_name, 'a', errors='ignore', newline='') as f:
        f_csv = csv.writer(f)
        f_csv.writerow(['日期','星期','天气','最高气温℃','最低气温℃'])
        f_csv.writerows(data)
```

日期	星期	天气	最高气温℃	最低气温℃
21	今天	晴	4	-1
22	明天	晴	3	-1
23	后天	晴	1	-8
24	周三	晴	3	-7
25	周四	晴	5	-6
26	周五	晴	5	-5
27	周六	晴	4	-6

通过网络爬虫程序获得天气数据

3. 开放式应用程序接口

开放式应用程序接口就是开放应用程序编程接口。在遵守开放规则的前提下，可以让他人程序调用你的程序数据以及应用程序。

比如，你的电脑、智能手机等设备有USB（通用串行总线）接口，也可以说是开放了接口，有了这些接口就可以进行接入U盘（USB闪存盘）和充电等操作。API接口（应用程序编程接口）情况如下图所示。

路灯开关灯时间文件下载API接口说明文档

1. 接口地址

https://data.beijing.gov.cn/cms/web/bjdata/api/userApply.jsp?id=文件编号&key=个人唯一标识码

2. 接口参数

id：文件编号（如下表所示）

key：个人唯一标识码(用户可在登录后，与【用户中心】·【唯一标识码】中获取)>

数据：

名称	格式	更新时间	id
路灯开关灯时间	zip	2023-02-23	35abef08c4544d50afa432eef5d5574469560

3. 返回值说明

id：文件编号

name：数据名称

update：文件更新时间

address：文件获取地址

API接口说明文档

4. 自行收集

自行收集指自己使用各种方式方法，从源头进行第一手数据的收集。例如，要分析学校中植物的情况，可以设计关于校园中植物的问卷，通过纸制问卷或电子问卷进行调查，收集数据；要分析当地空气质量情况，可以借助传感器来完成空气质量数据的收集；等等。

通过这些方式可以帮助人工智能获得丰富的数据资源，但过程中需要遵守数据隐私和伦理规则。

三、数据预处理：从“脏”数据到“净”数据

我们利用各种方法收集到所需要的数据后，并不意味着所有的数据都可以直接使用，因为可能存在不完整的数据、格式不统一的数据、重复的数据，甚至无法使用的数据等，所以必须对收集的数据进行预处理。数据预处理主要包括数据清理、数据集成、数据规约和数据转换。

1. 数据清理

我们收集的数据中可能有很多存在问题，存在问题的数据也被称为“脏”数据。例如，收集到的“班级”数据集中有空缺的值，即数据丢失；收集到的“年龄”数据集中出现了负值的错误信息；在“身高”数据集中有的是以米为单位的值，有的是以厘米为单位的值；等等。

对于丢失的数据，在预处理过程中，可以采用手工填写遗漏值或使用属性的平均值、中位数进行填充的办法来处理，对于不能使用平均值、中位数修改的可插入“0”值。使用平均值填充缺失数据如下页图所示。

序号	性别	1000米成绩
1	男	4.22
2	男	4.04
3	男	4.36
4	男	4.11
5	男	
6	男	4.28
7	男	3.52
8	男	4.11
9	男	4.4
10	男	4.42

平均值 →

序号	性别	1000米成绩
1	男	4.22
2	男	4.04
3	男	4.36
4	男	4.11
5	男	**4.16**
6	男	4.28
7	男	3.52
8	男	4.11
9	男	4.4
10	男	4.42

使用平均值填充缺失数据

2. 数据集成

数据集成指将来自多个数据源的数据组合成一个连贯的数据集。如班上的男、女两位体育委员分别收集男生和女生的身高、体重数据，经过把两位同学收集的数据合并，得到全班同学的身高和体重数据。如下图所示。

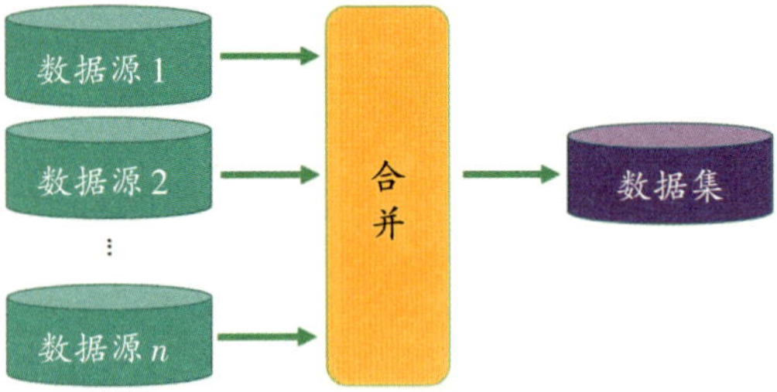

数据集成

我们在数据集成的过程中要合并多个数据源，这样有助于减少及避免数据冗余和不一致的情况，从而提高数据读取速度和质量。

3. 数据规约

多数据源有一定的优势，即所包含的信息量大，从而可供决策的依据就多。但是，数据源不是维度越多越好，多维度数据会消耗更多的计算资源，增加计算时长，对计算结果造成影响，有时甚至会造成“维度灾难”。

数据规约通过减少特征数据的个数，删除不相关或冗余特征数据，获取、保留最需要的本质特征数据，确保特征数据之间是相互独立的，能够节省存储空间，减少计算时长。数据规约效果如下图所示。

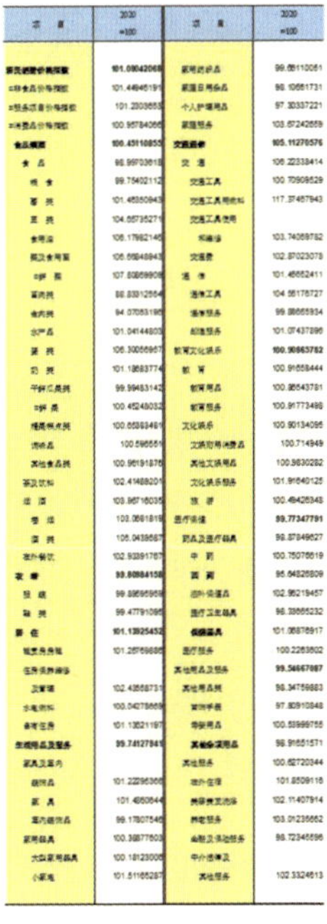

文化娱乐	文娱耐用消费品	其他文娱用品	文化娱乐服务	旅　游
100.90	100.71	100.98	101.92	100.49

只保留最需要的特征数据

4. 数据转换

在数据预处理过程中，不同的数据类型适用不同的数据处理方式。数据转换是一种将原始数据变换成更适用数据格式的方法。例如，我们收集到数值型的“肺活量”这个关键特征数据，转换出新的数据“肺活量等级”并作为关键特征，有助于进一步的数据处理，如下图所示。

ID号	性别	肺活量
2101	男	4000
2102	男	3750
2103	女	2450
2104	男	3260
2105	女	3000
2106	女	2650

ID号	性别	肺活量等级
2101	男	优秀
2102	男	良好
2103	女	及格
2104	男	及格
2105	女	优秀
2106	女	良好

数据转换

简单来说，数据预处理就是把“脏”数据“清洗”干净，提高数据质量。此外，数据预处理过程中还需要考虑数据不平衡或偏倚带来的影响。由于数据和算法本身不具有中立性，具有隐含错误、易被人为操控等特征，因此易引起对数据主体的差别对待，从而造成偏见、歧视性后果等问题，如我们常听到的“大数据杀熟”。

四、数据特征构造：数据中的智慧提取

在机器学习领域有句被奉为真理的话——数据和特征决定了机器学习的上限，模型和算法只是使机器学习逼近这个上限

而已。如果我们输入计算机的数据是没有意义的甚至是错误的，那么无论经过怎样的加工、处理，计算机输出给我们的也是没有意义的结果，这正说明数据准确、完整、可信的重要性。

原始数据集的关键特征含有必要的信息，但其形式不一定适合数据处理算法应用，由原始关键特征数据构造出的新关键特征数据可能比原关键特征数据更方便使用。例如，利用已有的“身高”和“体重”这两个关键特征数据，可以构造出新的更适用的关键特征数据“BMI指数（身体质量指数）”，如下图所示。

序号	性别	身高（m）	体重（kg）
1	女	1.59	43
2	女	1.58	54
3	女	1.63	56
4	女	1.57	47
5	女	1.63	47
6	男	1.73	64
7	男	1.69	106
8	男	1.63	60
9	男	1.71	81
10	男	1.87	79

序号	性别	身高（m）	体重（kg）	BMI指数
1	女	1.59	43	17
2	女	1.58	54	22
3	女	1.63	56	21
4	女	1.57	47	19
5	女	1.63	47	18
6	男	1.73	64	21
7	男	1.69	106	37
8	男	1.63	60	23
9	男	1.71	81	28
10	男	1.87	79	23

数据特征构造

五、训练集与测试集：机器学习的“课堂”与“考试”

在机器学习过程中，训练集和测试集分别扮演着“课堂”和“考试”的角色，帮助模型不断学习和验证其能力。

训练集是用来“教会”模型如何完成任务的数据集，它包含了输入（特征）和对应的输出（标签）信息。模型通过学习训练集中的模式和规律，逐渐形成自己的“知识库”。换句话说，训练集是让模型从数据中找到规律的过程，就像我们在课堂上学习新知识一样。

举个例子，如果我们要训练一个模型来识别水果，训练集可能包括以下数据：

特征：颜色、重量、形状

标签：苹果、香蕉、橙子

比如，训练数据中有一条记录显示："红色、150克、圆形"→苹果，模型就会学习到这些特征是苹果的标志。

测试集是独立于训练集的数据集，主要用来评估模型的表现。它模拟了实际环境中的未知情况，帮助我们验证模型是否真正掌握了规律，而不仅仅是记住了训练数据的内容。测试集没有被模型"看见过"，因此它的评估结果能更公正地反映出模型的真实能力。

举个例子，测试集中的数据可能是："黄色、120克、弯曲"→香蕉，模型通过学习来分类香蕉，我们可以通过测试集评估模型的准确性，查看它在未知数据上的表现。

1. 为什么要分训练集和测试集

如果没有测试集，模型就可能"死记硬背"训练数据，而不是学到通用的规律，这种现象叫作"过拟合"。这就像某些学生只会做课本上的例题，面对不同的考试题目时却一筹莫展一样，机器学习中的模型也可能只会处理它"见过"的数据，而不能适应新的数据。

简单来说，过拟合就是模型只记住了训练数据，不能应对新数据。

通过划分训练集和测试集，我们可以确保模型不仅能识别已知的数据，还能适应未知数据，从而提升模型的泛化能力。

2. 如何划分训练集和测试集

一般来说，数据集会被划分为：

训练集：70%～80%的数据，用于模型的训练。

测试集：20%～30%的数据，用于评估模型的表现。

此外，有时还会引入验证集，它是从训练集中分出的一部分数据，主要用于调整模型的超参数，以确保模型在测试集上的表现更加优越。

案例：水果分类

假设我们有100条与水果相关的数据，并将其分为训练集和测试集：

- 训练集：80条数据，用来帮助模型学习识别水果的方法。
- 测试集：20条数据，用来评估模型的分类能力。

训练集中的数据可能是：

- 特征：黄色、120克、弯曲→标签：香蕉
- 特征：红色、150克、圆形→标签：苹果

测试集中的数据可能是：

- 特征：绿色、140克、弯曲→模型预测：香蕉
- 特征：红色、200克、圆形→模型预测：苹果

通过比较模型在测试集上的预测结果与实际标签，我们就可以判断模型是否掌握了水果的分类规律。

总结

训练集是机器学习的“课堂”，帮助模型学习规律；测试集是机器学习的“考试”，用来检验模型的能力。合理地划分训练集和测试集，能够让模型更好地应对未知数据，优化其在实际应用中的表现。

第6章

有监督学习：像老师一样教会机器规则

有监督学习就像是让机器参加一个“有指导的学习班”。在这个过程中，机器不仅需要知道目标是什么，还需要理解如何实现目标。

举个例子，假设你正在教机器如何进行垃圾分类，你给它展示了许多已经分类好的垃圾（比如，包装纸是可回收物，食物残渣是厨余垃圾，过期失效药品是有害垃圾，等等），并告诉它每种垃圾属于哪个类别。这就像是一个老师在课堂上教学生知识一样，机器通过这些已知的例子学习如何判断新的垃圾属于哪个类别。

有监督学习的基本步骤：

①选择一个适合目标任务的数学模型。

②将经过清洗后有意义的数据（有监督的体现）交给机器用于训练。

③通过训练，机器生成数据对应的关系结果。

④最后把新数据给机器，让它去研判并得出结论。

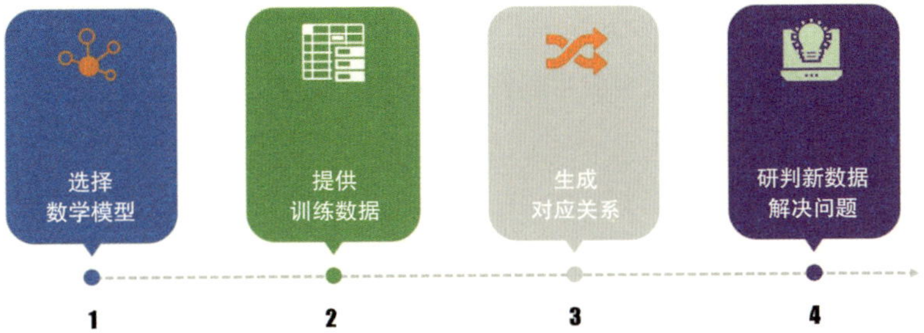

有监督学习的基本步骤

一、决策树：像游戏闯关一样得到答案

1. 什么是决策树

你是否玩过“冒险闯关”类游戏？每一步，你都会根据自己的选择走向不同的剧情分支。决策树就像这样的游戏，它通过一步步的“提问”，最终得出一个明确的“答案”。

例如，当你挑选饮料时，可能会有这样的决策过程：

问：你喜欢热饮还是冷饮？

答：冷饮。

问：你喜欢甜的还是不甜的？

答：甜的。

推荐：奶茶。

这就是决策树的核心思想：通过多个“条件判断”（节点）将问题分成多个分支，最终得到“答案”（分类）。

决策树在生活中应用的例子：选择出行工具

想象一下，你早上需要选择去学校的交通工具：

第一个问题：家离学校远不远？

近：走路。

远：第二个问题。

第二个问题：天气怎么样？

晴天：骑自行车。

下雨：第三个问题。

第三个问题：你有雨衣吗？

有：骑自行车。

没有：坐公交车。

这个过程就是一个典型的决策树判断过程，每个问题是一个判断节点，根据条件最终得出一个结果。

2. 决策树在机器学习中的应用

决策树常用来解决分类和回归问题，如判断邮件是垃圾邮件还是正常邮件，根据天气数据预测是否会下雨，根据鸢尾花数据分类不同种类的鸢尾花。

接下来，我们用鸢尾花数据集和Python程序来实现一个简单的决策树。

决策树的实现：鸢尾花分类

鸢尾花数据集：包含150个样本，分为Setosa、Versicolor和Virginica这3个种类。每个样本有4个特征，即花萼长度、花萼宽度、花瓣长度、花瓣宽度。

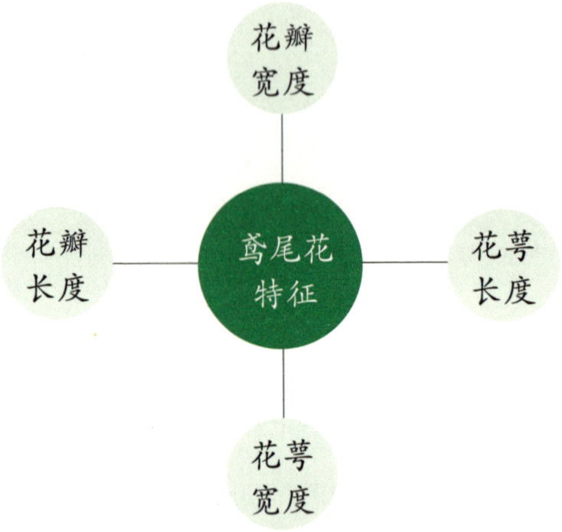

鸢尾花特征

我们使用决策树，根据花瓣和花萼的特征来分类鸢尾花。

鸢尾花分类决策树代码实现：

```
# 导入必要的库
import numpy as np
import pandas as pd
from sklearn.datasets import load_iris
from sklearn.model_selection import train_test_split
from sklearn.tree import DecisionTreeClassifier, export_text, plot_tree
import matplotlib.pyplot as plt
# 加载鸢尾花数据集
iris=load_iris()
```

X=iris.data # 特征：花萼长度、花萼宽度、花瓣长度、花瓣宽度

y=iris.target # 标签：鸢尾花的种类（Setosa、Versicolor、Virginica）

数据集划分：将数据集分为训练集和测试集（70%训练，30%测试）

X_train,X_test,y_train,y_test=train_test_split(X,y,test_size=0.3,random_state=42)

创建决策树分类器，使用“gini”作为标准来进行分类，设置最大树深度为3

clf=DecisionTreeClassifier(criterion="gini", max_depth=3,random_state=42)

训练模型

clf.fit(X_train, y_train)

预测测试集结果

y_pred=clf.predict(X_test)

创建一个DataFrame，将预测结果与实际结果进行对比

results=pd.DataFrame({

'实际结果': y_test,

'预测结果': y_pred,

'是否正确': y_test == y_pred # 判断预测是否正确

})

显示结果表格

print(results)

```
# 显示决策树的规则（文本格式）
tree_rules=export_text(clf, feature_names=iris.feature_names)
print("\n决策树规则：\n",tree_rules)
# 可视化决策树（图形格式）
plt.figure(figsize=(12,8))
plot_tree(clf, feature_names=iris.feature_names, class_names=
iris.target_names, filled=True)
plt.title("鸢尾花分类决策树")
plt.show()
```

3. 决策树的原理

（1）构建规则

决策树从训练数据集中寻找分裂点（如花瓣长度是否大于某个值），通过最大化数据集的“纯度”来选择最佳的分裂方式。纯度越高，数据集中同类样本的比例越大，决策树的分类效果也会越好。

（2）信息增益

决策树通过“信息增益”来衡量每次分裂的效果。简单来说，信息增益越大，分裂后的结果越有价值。信息增益代表的是分裂后数据的不确定性减少的程度，分裂的目标是使得每个子节点中的数据集尽可能纯净，即包含更多相同类别的数据。

（3）递归分割

决策树从根节点开始递归分裂数据集，直到数据足够纯净，或者达到设定的树深度。每次分裂都选择能够最大化信息增益的特征，直到满足终止条件。

（4）可视化结果解读

运行代码后，你将看到一个类似这样的决策树图：

每个节点：每个节点表示对一个特征的判断，如“花瓣长度是否大于2.45 cm”。

分支：箭头指向不同的分支，根据特征值判断数据的分裂路径，如“花瓣长度＞2.45 cm”或“花瓣长度≤2.45 cm”。

叶子节点：每个叶子节点代表最终的分类结果。在鸢尾花数据集中，叶子节点将显示对应的鸢尾花种类（Setosa、Versicolor或Virginica）。

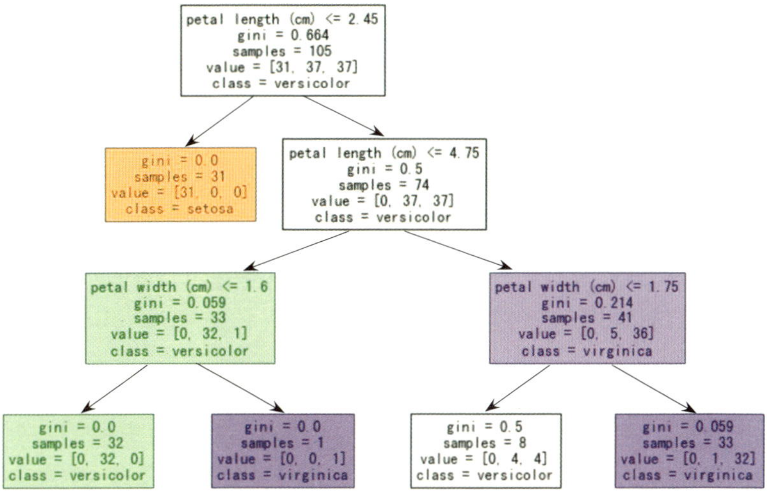

鸢尾花分类决策树

总结

决策树的核心思想是“分而治之”，通过一系列的简单判断将复杂问题分解，逐步得出最终结果。它的优点是直观易懂，能够通过树形结构清晰展示决策过程。决策树特别适用于处理分类问题。

但是，决策树也有一定的局限性，比如在处理具有过多特征数据或噪声数据时，容易产生过拟合，即决策树可能对训练数据“记得过多”，导致在测试集上的表现不佳。为了解决这个问题，可以通过剪枝、增加树的深度限制或使用集成方法（如随机森林）来避免过拟合。

通过鸢尾花分类的例子，我们了解了如何使用决策树进行分类，也应该理解决策树的工作原理与构建流程了。可以尝试使用不同的数据集来构建自己的决策树（如成绩预测、天气预测等），体验它是如何帮助我们解决现实中的问题的！

二、线性回归：用直线连接未来的可能

1. 什么是线性回归

当你站在一个十字路口，面临不同的选择，你心里可能会想：“我选择哪条路会最接近我的目标？”

线性回归就像一条被选择的路径，它帮助我们在复杂的现实中找到一条最直接的通道——通过一条直线预测未来的结果。

举个例子，如果你已经记录了过去几个月的温度数据，你可以用线性回归来找出温度随时间变化的规律。然后，只要知道未来的日期，回归模型就能预测当天的温度。

线性回归在生活中应用的例子：预测身高

假设你在观察一个孩子的成长过程，记录了不同时期孩子的年龄和身高数据，你会发现孩子的身高和年龄大致成正比。线性回归可以帮助你找到身高和年龄之间的数学关系，并预测孩子未来的身高。

问题：一个10岁的孩子身高为130 cm，12岁时会有多高？

线性回归通过构建一个模型，使用现有的数据（年龄数据），绘制出一条最合适的直线来预测这个问题的答案。

2. 线性回归的数学原理

（1）直线方程

线性回归的核心是通过一条直线来连接数据点。

这条直线的方程是：

$$y=mx+b$$

其中，y是预测的结果（如身高），x是输入的数据（如年龄），m是直线的斜率，b是直线的截距。

（2）最小二乘法

为了找到最合适的直线，线性回归使用最小二乘法来解决问题。它的目标是最小化预测值与实际值之间的误差，这样所有点到直线的垂直距离的平方和最小。

（3）拟合过程

线性回归模型通过调整m和b的值，使得直线能够尽可能准确地反映数据的趋势。

线性回归的实现：预测房价

现在，我们通过一个实际的例子来应用线性回归方法。已知房子的面积和价格，我们来预测房价。

1. 代码实现

```
# 导入必要的库
import numpy as np
import pandas as pd
from sklearn.model_selection import train_test_split
from sklearn.linear_model import LinearRegression
import matplotlib.pyplot as plt
# 假设我们有一组房子面积和对应的价格数据
# 房子面积（平方米）和价格（万元）
data={'面积':[30,40,50,60,70,80,90,100,120,150],
'价格':[80,100,120,140,160,180,200,220,250,300]
}

# 创建DataFrame
df=pd.DataFrame(data)

# 提取特征和目标
X=df[['面积']]  # 特征：房子面积
y=df['价格']     # 目标：房子价格

# 数据集划分：将数据集分为训练集和测试集（80%训练，20%测试）
```

```
X_train, X_test, y_train, y_test=train_test_split(X, y, test_size=
0.2,random_state=42)

# 创建线性回归模型
model=LinearRegression()

# 训练模型
model.fit(X_train,y_train)

# 预测房价
y_pred=model.predict(X_test)

# 创建一个DataFrame，将预测结果与实际结果进行对比
results=pd.DataFrame({
            '实际价格':y_test,
            '预测价格':y_pred,
            '误差':y_test-y_pred
        })

# 显示结果
print(results)

# 可视化数据和回归线
plt.scatter(X, y, color='blue', label='数据点')  # 绘制数
据点
plt.plot(X, model.predict(X), color='red', label='回归线')
# 绘制回归线
```

```
plt.title('房屋面积与价格的关系')
plt.xlabel('房屋面积(平方米)')
plt.ylabel('房屋价格(万元)')
plt.legend()
plt.show()
```

2. 代码解释

①数据准备：假设我们有房屋面积和价格的数据集，我们将房屋面积作为特征（X），房价作为目标（y）。

②数据集划分：数据集分为训练集和测试集，用于训练和评估模型的效果。

③训练模型：创建一个LinearRegression对象，并用训练集数据拟合模型，找到最佳的回归线。

④预测与可视化：使用测试集数据进行预测，并将预测结果与实际结果进行对比。同时，绘制出数据点和回归线，以便直观展示线性回归的效果。

3. 可视化分析

运行代码后，显示结果图形：

①数据点（蓝色）：这些点表示实际的房屋面积和价格数据，每个点的横坐标代表房屋的面积，纵坐标代表房屋的价格。

②回归线（红色）：这条红色的直线是通过线性回归模型拟合出的结果，它展示了房屋面积与价格之间的线性关系。直线的斜率表示每增加1平方米，房价增加的金额；截距表示当房屋面积为0时的预测房价。

③预测结果：通过测试集数据预测的房价（在y_pred中）。

图中的回归线帮助我们理解模型如何根据房屋面积预测价格。

通过结果的可视化，我们可以清晰地看到，随着房屋面积的增加，房价也呈现出上升的趋势，回归线尽可能地拟合了这些数据点。预测的结果能够较好地与实际数据匹配，证明线性回归模型在这类任务中的有效性。

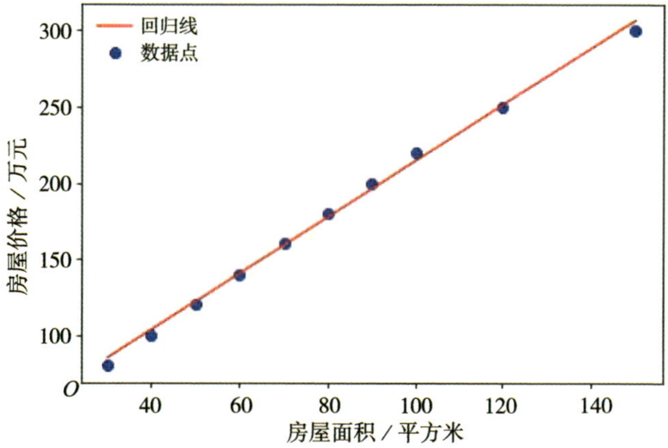

房屋面积与价格的关系

3. 线性回归的原理与应用

（1）建立模型

线性回归通过找到一条最适合数据的直线来表达变量之间的线性关系。它通过调整直线的斜率和截距，使得数据点与直线之间的距离（误差）总和最小。

（2）最小化误差

使用最小二乘法来计算误差。每个数据点到直线的垂直距离的平方和越小，模型的拟合效果越好。

(3) 实际应用

线性回归广泛应用于各个领域，如金融市场分析、生产优化等。

总结

线性回归的核心思想是：通过一条直线将数据点连接起来，用最简单的方式预测未来的可能。线性回归直观易懂、计算简单，是机器学习中最基础也是最常用的回归算法之一。

通过房价预测示例，我们知道了如何使用线性回归来进行预测，同时也了解了线性回归的数学原理和实际应用方法。

当你需要预测某个结果时，试着用线性回归来连接过去和未来吧！

三、K近邻算法：邻里投票决定你所属的团队

1. 什么是K近邻算法

K近邻算法（K-Nearest Neighbors,KNN）是一种简单而直观的分类算法。

它的核心思想是：寻找一个样本点周围的K个最近的样本(即邻居)，然后通过这些“邻居”的多数类别来决定该样本点的类别。

换句话说就是，K近邻算法通过“邻里投票”的方式决定你所属的团队。

2. K近邻算法的原理

K近邻算法认为，相似（特征空间中邻近）的样本具有相似的类别。K近邻算法通过以下步骤进行分类：

①选择K值：选择一个整数K，表示在分类时要考虑的“邻居”数量。常见的K值有3、5、7等。

②计算距离：对于待分类的样本，计算它与训练集中所有样本的距离。常用的距离度量方式是计算欧氏距离，公式为

$$\text{distance}=\sqrt{(x_1-x_2)^2+(y_1-y_2)^2}$$

③找出K个最近邻：根据计算出的距离，找到距离待分类样本最近的K个样本。

④“投票”决定类别：在K个“邻居”中，哪个类别出现次数最多，待分类样本就被分到哪个类别。

生活中的类比：

想象一下，你搬到一个新小区，你应该加入哪个兴趣团体呢？你可以向住在你周围的邻居询问他们的兴趣爱好。

假设你问了10个邻居，得到以下答案：

6个邻居喜欢打篮球

4个邻居喜欢踢足球

根据多数人的意见，你决定加入篮球队。这就是K近邻算法的核心思想——通过邻里投票决定你所属的团队。

3. K近邻算法的优缺点

优点：

①简单易懂：算法简单，容易理解。

②无须训练：不需要显式的训练过程，只需存储训练数据。

③适用广泛：适用于解决分类和回归问题。

缺点：

①计算开销大：特别是在数据集较大的时候，计算量较大。

②对噪声敏感：可能会受到噪声样本的影响，导致分类效果不稳定。

③K值选择影响大：选择合适的K值非常重要，不同的K值会影响算法的表现。

用K近邻算法实现鸢尾花分类：

现在，我们用K近邻算法来分类鸢尾花数据集，预测花的种类。鸢尾花数据集包含了每朵鸢尾花的4个特征，即花萼长度、花萼宽度、花瓣长度和花瓣宽度，以及对应的种类(Setosa、Versicolor和Virginica)。

1. 代码实现

```
# 导入必要的库
import numpy as np
import matplotlib.pyplot as plt
from sklearn.datasets import load_iris
from sklearn.model_selection import train_test_split
from sklearn.neighbors import KNeighborsClassifier
```

```
# 加载鸢尾花数据集
iris=load_iris()
X=iris.data[:,:2]  # 只使用前两个特征
y=iris.target

# 数据集划分为训练集和测试集
X_train, X_test, y_train, y_test=train_test_split(X, y, test_size=
0.3,random_state=42)

# 创建K近邻分类器，选择K=3
knn=KNeighborsClassifier(n_neighbors=3)
knn.fit(X_train,y_train)  # 训练模型

# 创建网格，用于显示决策边界
h=.02  # 网格步长
x_min,x_max=X[:,0].min()-1,X[:,0].max()+1
y_min,y_max=X[:,1].min()-1,X[:,1].max()+1
xx, yy=np.meshgrid(np.arange(x_min, x_max, h), np.arange
(y_min,y_max,h))

# 预测网格中每个点的类别
Z=knn.predict(np.c_[xx.ravel(),yy.ravel()])
Z=Z.reshape(xx.shape)
```

```
# 绘制决策边界图
plt.figure(figsize=(10,8))
plt.contourf(xx,yy,Z,alpha=0.4,cmap='coolwarm')  # 画出背景色块
plt.scatter(X[:,0],X[:,1],c=y,cmap='coolwarm',edgecolors='k',marker='o',s=100,label="样本数据")  # 画出样本点
plt.title("K近邻算法决策边界与样本数据")
plt.xlabel("花萼长度")
plt.ylabel("花萼宽度")
plt.show()

# 计算模型在测试集上的预测结果
y_pred=knn.predict(X_test)
# 计算测试集准确率
accuracy=np.mean(y_pre==y_test)
print(f"测试集准确率：{accuracy * 100:.2f}%")
```

2. 代码解释

①加载数据集：我们使用load_iris()函数加载鸢尾花数据集，数据集中包括了每朵花的4个特征和对应的花的种类。为了简化可视化效果，我们只选用了前两个特征（花萼长度和花萼宽度）。

②数据集划分：使用train_test_split()函数将数据集划分为训练集（70%）和测试集（30%）。

③创建K近邻模型：创建KNeighborsClassifier对象，并设置K值为3，表示我们考虑每个待分类样本的3个“邻居”。

④训练模型：使用训练集的数据训练K近邻模型。

⑤网格预测与绘制决策边界：为了可视化分类效果，我们创建了一个网格，并在网格的每个点上预测该点的类别。使用contourf()函数绘制出决策边界。

⑥分类可视化：通过散点图展示鸢尾花的实际类别与预测类别，并通过不同的颜色区分实际和预测的分类结果。

⑦计算准确率：使用np.mean()计算模型在测试集上的准确率，显示出模型的分类效果。

3. 运行效果

①预测结果：模型会输出对测试集的预测结果，并显示每个样本的实际类别和预测类别。

②准确率：计算模型在测试集上的准确率，以评估K近邻算法的分类效果。

③可视化：通过决策边界图和样本点的散点图，直观展现K近邻算法的分类效果。

4. 应用场景

①文本分类：如垃圾邮件过滤。

②图像识别：如手写数字识别。

③推荐系统：根据相似用户的行为进行决策推荐。

4. K值的选择

K值的选择影响模型的表现，通常可以通过交叉验证来选择最佳的K值。选择过小的K值可能导致模型对噪声过敏，选择过大的K值可能导致模型过于平滑，失去区分能力。

现在，你应该能够理解K近邻算法的基本原理，并学会如何使用它来进行分类了吧。

5. 可视化分析

可视化分析如下图所示。

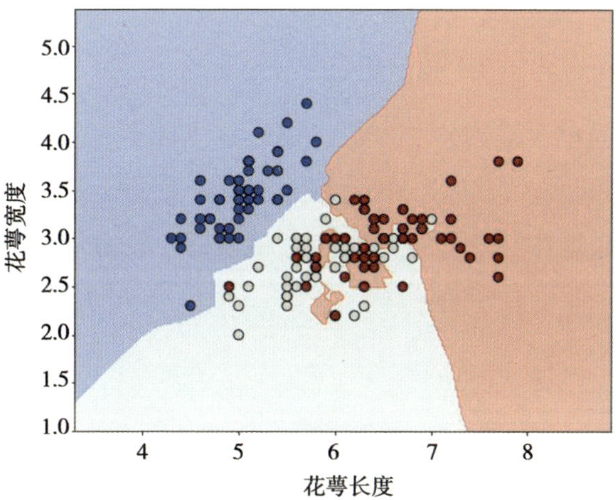

鸢尾花样本数据与K近邻算法分类决策边界

(1) 决策边界

在这张图中，色块代表了不同类别的决策区域。例如，鸢尾花的不同类别被分配不同的颜色。通过观察这些色块，你可以看到K近邻算法是如何根据周围“邻居”的类别决定每个点的类别的。

(2) 样本数据的分布

在图中，每个数据点的颜色代表其真实的类别标签，当样本点的颜色与其所在位置的背景色块的颜色一致时，说明该样本被正确分类。

（3）测试集准确率

通过程序输出的模型在测试集上的准确率，你可以评估K近邻算法对实际数据的分类效果。

总结

K近邻算法通过“邻居”的类别来决定一个样本的类别，它是一种简单有效的分类方法。通过计算样本之间的距离，并选择K个最近的“邻居”，K近邻算法能够完成分类任务。

尽管K近邻算法计算开销较大，但对于许多实际问题，它依然是一个非常有用的工具。

第7章 无监督学习：像探险者一样自己发现规律

想象一下，你有一大堆没有标签的图片，如一些猫和狗的照片，你把这些照片交给机器，你并没有预先告诉机器什么是猫、什么是狗。不过，机器通过分析照片中内容的相似性，自己开始发现其中的规律。

机器会把看起来相似的照片分成一组，也许有一组主要是猫，另一组主要是狗。这个过程就是无监督学习。

无监督学习的关键在于，训练数据没有任何标签，机器只能通过“自我发现”的方式来进行学习，寻找数据之间的关系。例如，分类猫和狗的照片，机器通过分析照片的颜色以及物体形状、纹理等特征把猫和狗分开。这样的学习方式不像有监督学习那样需要人工标注，而是机器自主发现数据的内在规律。

无监督学习可以用于数据处理方面，如降维（压缩数据）、聚类（将数据分组）等。

通过无监督学习，机器可以在没有任何外部指导的情况下，从海量数据中提取有价值的信息。

一、K均值算法：从混乱中找到聚集的秩序

1. 什么是K均值算法

K均值（K-Means）算法是一种常用的聚类算法，旨在将数据集划分为预定数目的（K个）簇。算法的基本思想是通过将数据集中的数据点分到K个簇中，确保每个簇内的数据点尽量相似，而不同簇的数据点尽量不同。算法的核心目标是最小化簇内数据点之间的距离，最大化簇与簇之间的距离。

假设你面对一堆混杂的苹果、橙子和香蕉，需要将它们按种类分成3组。首先，你随机选取3个不同种类的水果作为初始的“中心点”。接着，将其他水果逐一与这3个“中心点”对比：形状更接近苹果的归入苹果组，表皮质地类似橙子的放入橙子堆，弯曲弧度匹配香蕉的划为香蕉类。完成初次分组后，重新观察每组水果的特征——比如苹果组的平均大小、橙子组的典型色泽、香蕉组的常见弧度——用这些新特征更新“中心点”的标准。随后，再次检查所有水果，如原本被误分到苹果组的扁圆橙子，可能因新标准更精确而被重新归类到橙子堆。重复调整“中心点”和重新分类的步骤，直到每个组的“成员”不再变化，3种水果最终被区分开来。

2. K均值算法的基本思想

K均值算法通过以下几个步骤来将数据分组：

①初始化：随机选择K个初始的聚类中心（也叫质心），这些聚类中心可以是数据集中的K个数据点，可以是随机生成的点。

②分配数据点：将数据集中每个数据点分配给最近的聚类中心，数据点与聚类中心之间的“距离”通过欧氏距离来计算。

③更新聚类中心：重新计算每个簇的聚类中心。新的聚类中心是该簇内所有点的均值，即簇内所有数据点的坐标平均值。

④重复迭代：重复步骤②和步骤③，直到聚类中心不再发生变化，或者达到预设的迭代次数。此时，算法结束，得到最终的簇。

3. K均值算法的应用

K均值算法因其简单高效的特点，常用于数据特征明确且需要快速分组的场景。典型的应用包括：

①客户分群：超市或电商平台根据顾客的消费习惯（如购买频次、购物金额、商品偏好）将顾客分成不同群体。例如，将顾客划分为“高消费活跃用户”“囤货族”等群体，方便针对

不同群体推送个性化优惠券或商品推荐信息。

②图片压缩：通过颜色聚类减少图片颜色种类。例如，将一张包含数百万种颜色的图片压缩到仅保留256种代表性颜色。算法通过聚类相似颜色的像素，用聚类中心颜色替代原始颜色，从而大幅减小图片文件大小，同时保持图像视觉效果。

③新闻分类：对大量新闻标题或文章进行自动整理，把内容相似的归为一类。例如，将科技、体育、财经等主题的文章分别聚类，帮助用户快速筛选感兴趣的内容。这样分类也便于平台管理信息。

用K均值算法实现鸢尾花分类：

我们使用鸢尾花数据集来演示K均值算法如何根据花萼长度、花萼宽度、花瓣长度和花瓣宽度，将鸢尾花样本分为3个类别。在我们没有提供任何标签的情况下，算法将自动识别出花的不同种类。

1. 代码实现

```
# 导入必要的库
import numpy as np
import matplotlib.pyplot as plt
from sklearn.datasets import load_iris
from sklearn.cluster import KMeans

# 加载鸢尾花数据集
iris=load_iris()
```

```
x=iris.data  # 特征数据
# 应用K均值算法，设定分为3类
kmeans=KMeans(n_clusters=3,random_state=42)
kmeans.fit(x)

# 获取聚类结果
y_pred=kmeans.labels_  # 每个数据点的聚类类别

# 可视化结果（仅选择前两个特征方便展示）
plt.figure(figsize=(8,6))
plt.scatter(x[:, 0], x[:, 1], c=y_pred, cmap='viridis', marker='o')
plt.scatter(kmeans.cluster_centers_[:, 0], kmeans.cluster_centers_[:,1],s=300,c='red',marker='X',label='聚类中心')
plt.title("鸢尾花数据的K均值聚类结果")
plt.xlabel("花萼长度")
plt.ylabel("花萼宽度")
plt.legend()
plt.show()

# 输出聚类中心和每个簇的样本数
print("聚类中心：")
print(kmeans.cluster_centers_)
```

```
print("每个簇的样本数量：")
print(np.bincount(y_pred))
```

2. 代码解释

①加载数据集：使用load_iris()加载鸢尾花数据集，数据集中包含了花萼长度、花萼宽度、花瓣长度和花瓣宽度这4个特征。

②创建K均值模型：使用KMeans()函数创建K均值模型，并设定K值为3，表示我们想将数据分成3个簇（因为鸢尾花有3种不同种类）。

③训练模型：使用fit()方法训练K均值模型，得到每个数据点所属的簇标签。

④聚类结果可视化：使用散点图展示聚类结果，并通过不同颜色区分各个簇。红色“X”标记表示K均值算法计算得到的聚类中心。

⑤输出聚类中心和样本数量：输出每个簇的聚类中心（即每个簇的平均值）和每个簇的样本数量，帮助我们了解每个簇的大小。

3. 可视化分析

聚类结果可视化如下页图所示。

①聚类结果图：散点图展示了鸢尾花数据在两个特征（花萼长度和花萼宽度）上的聚类结果。不同颜色代表不同的簇，红色“X”标记显示了聚类中心的位置。我们可以看到，K均值算法成功地将样本分为3个簇，且每个簇对应一个鸢尾

花种类。

②聚类中心：聚类中心的坐标表示了每个簇的平均特征值。在散点图中，红色“X”标记了这些聚类中心的位置。K均值算法通过不断更新聚类中心来寻找最优的分组。

③样本分布：我们还输出了每个簇中的样本数量，可以看到每个簇的样本分布情况。通常，K均值算法会尽量使每个簇的大小大致相等，但由于数据本身的分布不同，簇的大小可能会有所不同。

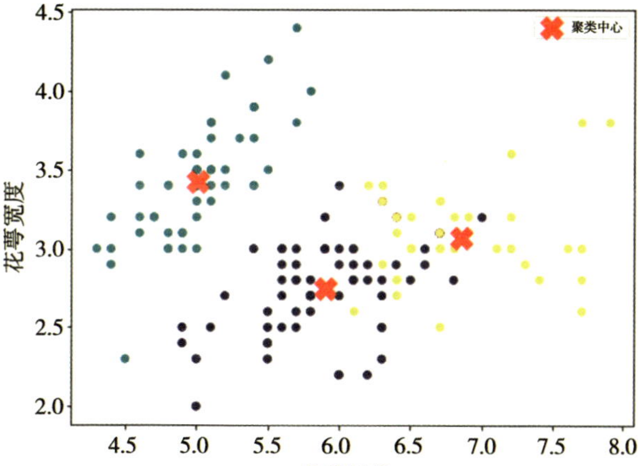

鸢尾花数据的K均值聚类结果

总结

K均值算法是一种简单有效的聚类算法，通过不断调整聚类中心，最终能够将数据分成K个簇。它特别适用于类别数已知的聚类任务。尽管K均值算法对于大数据集非常高效，但它对初始聚类中心和K值的选择较为敏感。因此，在实际应用中，我们通常会使用不同的初始化方法（如K-means++）和通过多次运行程序来避免局部最优解。

通过上面的学习，你应该能够理解K均值算法的基本原理，并掌握如何使用它对数据进行聚类分析了吧。

二、层次聚类：揭开数据中的隐藏层级关系

想象一下，你参加了一场聚会，聚会现场有许多人，每个人都有自己的特点，如各自喜欢的食物、穿衣风格，甚至说话的方式。

如果你要把这些人分组，你可能会根据他们的特征把他们分成不同的小组。比如，你可能会把喜欢吃比萨的人放在一个组，把喜欢吃炸鸡的人放在另一个组。然后，你还可能会把这些小组按照更大的特征进行组合，如把喜欢吃比萨的人和喜欢吃汉堡的人归为“喜欢快餐”的大组。这就是层次聚类的工作原理，它帮助我们揭示了数据中的层级关系。

1. 什么是层次聚类

层次聚类是一种将数据分组的算法，它不像其他聚类方法（如K均值算法）那样事先要求你指定分组数目，而是通过逐步合并或分裂样本，来构建一个层级结构。

换句话说，层次聚类会将相似的数据点逐渐合并成小的类，最终形成一个树形结构。这种结构图叫作树状图。

这个结构可以帮助我们直观地看到数据之间的层次关系。

2. 层次聚类的基本思想

层次聚类主要有两种方法，即凝聚式（自底向上）和分裂式（自顶向下）。

（1）凝聚式聚类

每个数据点开始时都被认为是一个独立的类。算法会计算所有数据点之间的相似性，并逐步将相似的点合并成一个类。

这个过程会一直进行，直到所有数据点合并成一个类，或者达到预定的停止条件。

（2）分裂式聚类

从一个包含所有数据的单一类开始，根据数据的差异性将类逐步分裂成更小的类。

这个过程会一直进行，直到每个数据点都成为一个单独的类，或者达到预定的停止条件。

3. 层次聚类的应用

层次聚类常常被用于需要发现数据内在层级关系的场景，典型的应用包括：

①社交网络分析：通过层次聚类可以发现社区结构，识别兴趣相投的群体。

②市场细分：根据顾客的购买行为，将顾客分成不同的群体，帮助商家制订个性化的营销策略。

③基因组学：对于基因数据，层次聚类可以用来识别基因之间的相似性，帮助研究者发现不同物种或个体之间的遗传关系。

使用层次聚类算法分析鸢尾花数据集：

为了更好地理解层次聚类，我们使用鸢尾花数据集来演示如何通过层次聚类将数据分组。

鸢尾花数据集包含150个样本，每个样本有4个特征，即花萼长度、花萼宽度、花瓣长度和花瓣宽度，每个样本预先标注了真实类别。我们使用层次聚类算法，根据样本间的特征相似性，在不使用先验标签的情况下，将这些鸢尾花样本分成几个类别。

1. 代码实现

```
# 导入必要的库
import numpy as np
import matplotlib.pyplot as plt
from sklearn.datasets import load_iris
from sklearn.cluster import AgglomerativeClustering
import scipy.cluster. hierarchy as sch

# 加载鸢尾花数据集
iris=load_iris()
X=iris.data  # 特征

# 创建凝聚层次聚类模型
model=AgglomerativeClustering(n_clusters=3,affinity=
'euclidean',linkage='ward')
y_pred=model.fit_predict(X)
```

```
# 可视化鸢尾花数据的层次聚类结果
plt.figure(figsize=(10,7))
sch.dendrogram(sch.linkage(X,method='ward'))
plt.title("鸢尾花层次聚类的树状图")
plt.xlabel("样本索引")
plt.ylabel("距离")
plt.show()

# 显示聚类结果
plt.scatter(X[:,0],X[:,1],c=y_pred,cmap='viridis')
plt.title("鸢尾花数据的层次聚类结果")
plt.xlabel("花萼长度")
plt.ylabel("花萼宽度")
plt.show()
```

2. 代码解释

①加载数据集：使用load_iris()加载鸢尾花数据集。

②创建模型：使用AgglomerativeClustering创建凝聚式层次聚类模型，指定我们希望分成3个类别（即鸢尾花的种类数），并选择欧氏距离来度量距离，以Ward方法作为链接策略。

③生成树状图：通过scipy.cluster.hierarchy库生成层次聚类的树状图，显示数据之间的相似性。

④聚类结果可视化：最后，我们通过散点图展示层次聚类的结果，不同颜色代表不同的类。

3. 可视化分析

①树状图：树状图展示了数据的层级结构。每次合并（或分裂）都会形成新的类，距离表示了两个类之间的差异性，如下图所示。通过观察树状图，我们可以直观地了解不同类别之间的相似度和聚类过程。

在树状图中，距离越短，代表这两个类（样本或样本组）之间的相似度越高。我们可以根据树状图选择合适的切割点，将数据分成适当数量的类别。

②聚类结果图：在散点图中，每个点代表一个鸢尾花样本，颜色表示该样本被分配的类别。通过散点图，我们可以看到层次聚类如何根据样本的相似性将它们分组。

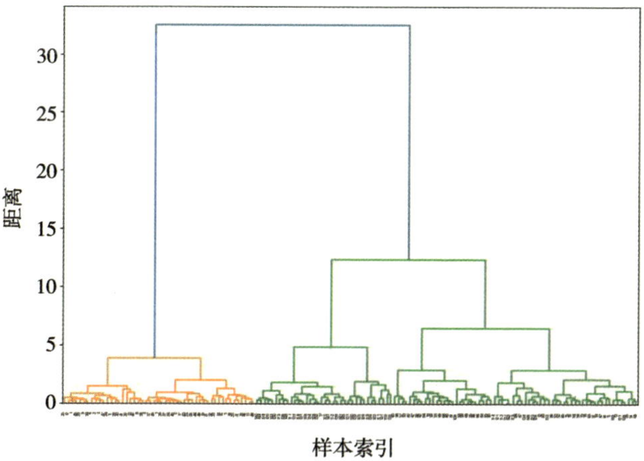

鸢尾花数据层次聚类的树状图

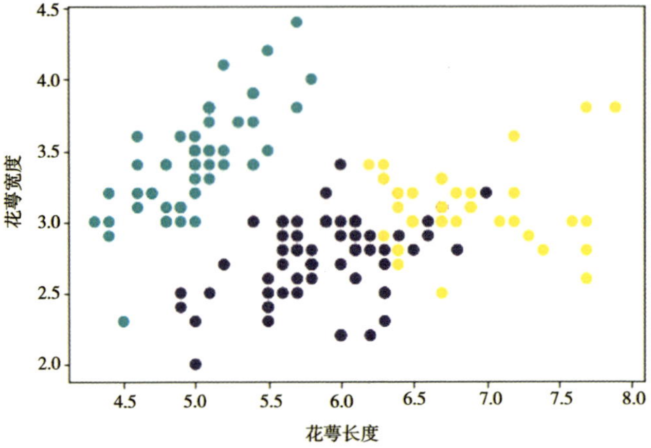

鸢尾花数据的层次聚类结果

总结

层次聚类通过逐步合并或分裂数据类，揭示了数据中的层级结构。

与其他聚类方法不同，层次聚类不需要事先指定类别的数量，而是通过计算数据之间的相似性，自动生成一个层级树状结构。这使得层次聚类非常适合探索数据的内在结构，帮助我们理解数据中的潜在关系。

尽管层次聚类在许多场景中表现出色，但它也有一些局限性。例如，它的计算量较大，尤其是对于样本数目较多的数据集。

此外，选择合适的聚类数量（通过树状图的切割实现）也是使用层次聚类算法时需要特别注意的一点。

通过上面的学习，你应该能够理解层次聚类的基本原理，并学会如何使用它来探索数据的层级关系了吧。

第8章

人工智能的双刃剑：问题与应对之道

人工智能的迅猛发展为人类社会带来了诸多机遇，推动了生产力的提升和生活品质的改善。然而，随着技术的进步，人工智能也带来了许多亟待解决的问题。面对这些机遇与挑战，我们必须以科学、审慎的态度去应对。

一方面，人工智能将我们带入了自动化、智能化的崭新时代，提高了工作效率，开辟了新的产业；另一方面，人工智能在某些领域的滥用也可能引发失业、隐私泄露甚至社会伦理问题。这就像一把双刃剑，既能创造巨大价值，也能带来深远的负面影响。

因此，我们不仅要关注人工智能技术的进步，更要注意如何合理管理、规范其发展，避免技术滥用带来的风险。只有加强法律法规建设，推动伦理规范，培养公众的科技素养，才能在享受人工智能带来的便利的同时，有效应对其带来的挑战，确保这一技术真正服务于社会发展。

一、问题与挑战

1. 人工智能对人类主观能动性的压制

应用人工智能技术，不可避免地面临着算法的可解释性和透明性问题。在许多应用领域，人工智能算法在预测方面已经展现出惊人的准确性。通常，这些算法的工作原理就像一个黑箱，难以解释和理解。这给决策者和用户带来了困扰，也引发了对算法的不信任和担忧。

例如，人工智能系统在预测过程中使用了有偏差的数据，那么它的预测结果就可能会不公平（如性别或地域歧视）。

再比如，浏览短视频时，人工智能的“算法”可以根据你的喜好计算出可推送信息的类别。为了获得你更多的浏览时长，算法就会过滤掉你所有不喜欢、不认同、不关注的信息，久而久之在难以察觉的状态下，你被桎梏在“信息茧房”之中。

这种情况带来的后果就是，我们可能会忽视思维能力、社交能力、创造能力等方面的锻炼。长期困于“信息茧房”会导致思维单一化，削弱批判性思考能力。例如，过度依赖算法推荐的信息，可能减少主动探索多元观点的机会，进而影响独立思考能力的形成。

2. 数据隐私问题

人工智能技术应用的基础之一是海量的原始数据。这些原始数据涵盖方方面面，如骑行轨迹，发送微信的时间、内容与对象，浏览关注某类商品的次数，登录网页的时间、时长，等等。这些记录集合里有我的相关数据，有你的相关数据，有他的相关数据，这些看似只具有单一属性的数据通过人工智能技术的分析、挖掘，能够推导出很多私人信息。比如，从你、我、他的相关信息中可以推导出相关联的其他人员的信息。

在2021年的3·15晚会上，《央视财经》频道节目报道了多家知名商店安装人脸识别摄像头侵犯个人隐私的情况。记者在全国多地先后调查了20余家装有人脸识别系统的商户，人脸识别系统应用的人工智能算法不仅收集面部、性别和年龄信息，甚至消费者当时的心情等信息都被系统获取，商家没有明确告知消费者，更没有征得消费者同意。消费者进入装有人脸识别系统的商店，在不知情的情况下被摄像头抓取个人信息并自动生成用户编号，以后消费者再去其他连锁店，去了几次，这些信息该商家都能从系统中了解到。

人脸信息属于个人独有的生物识别信息。我们的智能手机可以刷脸解锁，消费后可以刷脸支付，乘飞机可以刷脸登机，人脸识别技术应用越来越广泛，它一度在我们眼中是安全和便捷的。人脸数据一旦被泄露和滥用，将严重威胁用户的财产安全、隐私安全。3·15晚会曝光的案例，将数据信息滥用问题呈现在全社会面前。

随着未成年人首次触网时间低龄化，未成年人个人信息泄露的风险呈现出不断加剧的趋势。随着网络服务提供者不断收集、分析和利用这些信息，未成年人数字身份失控、隐私数据被滥用等风险也在提高。从未成年人的主体权利来看，未成年人对个人信息被收集、存储、使用、转移的过程享有知情同意的权利，但这类权利行使起来还有一定的难度。同时，由于未成年人心智尚未成熟，对个人信息的价值以及被违法收集、使用的后果缺乏清晰的认知，自我保护能力不足，因此更容易成为非法侵害的重灾区。这就特别需要由未成年人的监护人来代理实施民事法律行为，并且网络运营者应采取更加具体、更加有力的措施对未成年人的权利进行专门保护。

3. 数据标注与算法歧视

不同手机网络打车费用不同，同一旅游线路查询过两三回网上报价就上涨，开通了会员反而优惠金额减少，网友们将这种情况称为大数据“杀熟”。

北京市消费者协会开展的专项调查显示，88.32%的被调查者认为大数据“杀熟”现象很普遍，56.92%的被调查者表示有过被大数据“杀熟”的经历。

大数据“杀熟”，从表面上看是由算法定价引发的现象，其本质是价格歧视。那么，大数据如何“杀熟”呢？

大数据“杀熟”的具体表现可能是同一个APP（应用软件）上的商品，会员价高于非会员价，甚至同样的网上销售商品用不同手机搜索有不同的价格。

复旦大学的一项关于网约车的调查显示，某一品牌手机用户更容易被舒适型车辆司机接单，这一比例是其他品牌手机用户的3倍。

大数据技术的应用使平台积累了海量用户数据，包括性别、年龄、职业、地理位置、浏览历史等。平台可以准确描绘用户的个体特征，并应用深度学习算法分析每个用户的消费习惯、消费能力和价格敏感度，预测用户购买喜好并有针对性地影响用户的购买决策。同时，平台拥有强大的算力和专业的技术人才，具备处理、分析海量数据的能力。平台可以利用机器学习算法更精准地为用户画像，特别是借助积累的用户数据不断训练算法，提升算法的效能。

4. 人工智能技术滥用

《央视财经》频道节目曾报道，儿童智能手表几乎成了孩子们的“标配”，家长可以借助它方便地与孩子沟通、掌握孩子行踪。记者购买了一只儿童智能手表，交给一个小朋友佩戴。然后记者将一个恶意程序的下载二维码伪装成抽奖游戏二维码贴在了孩子家门口，吸引孩子扫码体验。

就这样，恶意程序轻松进驻到了孩子的智能手表中。后台程序可以对孩子实时定位，不间断收集孩子的移动轨迹，轻松圈定孩子的活动范围，可以判断出孩子的家离学校很近，5分钟就能走到，甚至还能实时听到孩子和家人的聊天内容，能够看到孩子在书桌前做手工。这样，孩子的隐私信息都会被收集，孩子和家人的隐私和财产安全都受到威胁。

近年来，安防监控设备不再局限于公共场所使用，随着智能家居产品进入众多家庭，摄像设备也进入千家万户，这也给不法分子以可乘之机。不法分子利用黑客技术控制或非法私装摄像设备，监控他人生活并进一步传播获利，无数隐私画面透过“第三只眼”被窥探无余。基于云计算、人工智能等技术，通过前端视频采集设备可实现对家居环境、孩童、宠物等的实时监控，配合使用的监控软件还可进行录像、录音及远程控制等操作。不法分子针对具有弱口令漏洞的设备进行攻击或非法越权访问，在线观看和实时回放监控视频，事主往往在无感知的情况下就遭遇信息泄露及传播，容易导致重大网络安全事件发生。

人工智能核心技术往往由少数公司拥有和控制，这就有可能导致产生垄断行为。例如，一家拥有先进的人工智能算法的公司可以在广告、搜索引擎或电子商务领域占据更大的市场份额。如果没有适当的监管，这类公司可能会滥用其技术，使消费者面临缺乏选择的局面。因此，政府需要采取必要的监管措施，以确保人工智能技术的应用不会破坏市场的有序竞争环境。

5. 安全影响

（1）国家安全

国家安全包括网络安全、核安全和国土安全等方面。人工智能技术也会给国家安全带来潜在风险。

首先，人工智能在数字安全方面会对国家安全造成威胁。

随着人工智能技术的发展应用，数据变得更加集中化，网络安全边界减弱，使得网络威胁泛化，全球范围内的网络攻击事件不断涌现。利用人工智能技术传播的恶意软件能适应多种环境，可以在无人操作的情况下传播，传统的防御措施很难抵挡其攻击。我国在人工智能领域的某些关键技术与发达国家相比仍有差距，人工智能网络攻击会对我国的国家内部信息安全产生极大威胁。

其次，人工智能技术在军事领域的应用会对受国际法保护的国家主权构成隐匿的侵犯。与有人驾驶装备相比，智能无人系统如无人机、无人潜航器等具有小型化、隐身性能强的特点，这些智能无人系统由于无须人工操纵，且能够执行长距离作业，因此极为适合完成渗透侦察任务。这类应用能够起到隐匿身份及降低外交敏感性的作用。所以，一些不负责任的国家开始大胆地使用此类装备开展侵入性行动，这使得各国的领空权和领海权变得更容易被侵犯。

我国利用无人机在突发灾害事件后，完成灾区灾情勘察、应急通信保障、应急物资补给等任务。

例如，2021年7月中旬，河南省多地遭遇大规模强降雨，部分灾区通信设施毁坏，巩义市米河镇多个村庄通信中断，灾区人民心急如焚。

7月21日晚，一条短信点亮了他们的手机屏幕。

短信的内容是：

“米河镇的乡亲们，因暴雨致通信中断，应急管理部紧急调派翼龙无人机抵达你镇上空，可暂时恢复中国移动公网通信。受翼龙无人机滞空时间限制，公网恢复时间只有五小时，请尽快报告情况、联系家人。祝平安！”

这条消息迅速刷爆了网络。

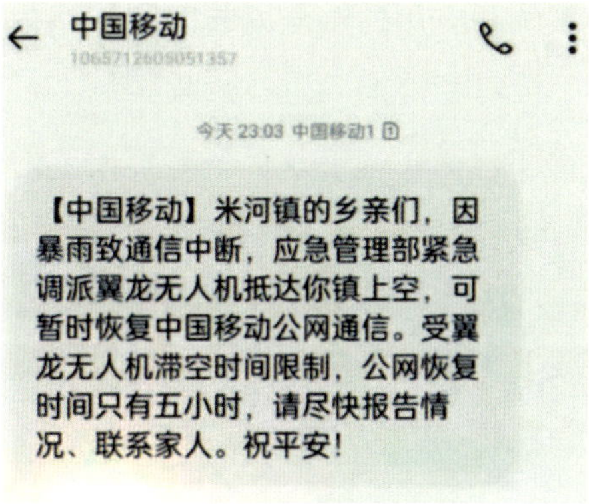

短信截图

（2）社会安全

人工智能技术不仅能使机器、设备实现自动化，还能使其逐渐智能化，这对某些领域、从事某些行业的人员产生了冲击，表现为使一些岗位薪酬降低、低技术门槛的职业消失，给社会带来不稳定因素。

此外，在人工智能时代，数据代表着一定的权力。掌握数据的主体既有国家权力机构，也有个人、企业团体、社会组织等非国家行为体。人人都有“麦克风”“摄像机”，处处都是

“舆论中心”和“事发现场”，这一情况使得维持社会秩序的难度提升，使社会安全风险日益增加。

(3) 人身安全

随着人工智能与物联网的深入结合，智能产品日益融入人们的家居、医疗和交通等生活和工作之中。不法分子会通过人工智能算法、系统和应用的漏洞发起恶意网络攻击，可能会利用数据欺诈等手段对智能产品进行远程控制，对我们的人身安全产生威胁。例如，以无人驾驶车辆、机器人为代表的自主系统逐渐走入人们的生产生活之中，参与乃至替代人类进行决策，实施自主操作。当这些自主系统遇到突发情况或人为恶意影响，导致系统误判或非正常运行时，将会直接危害操作人员及其他人员的人身安全，更为严重的可能导致人员伤亡。

二、人工智能伦理问题的应对策略

人工智能存在的伦理问题已经引起了联合国教科文组织的注意。联合国教科文组织发表声明，呼吁各国政府尽快实施该组织通过的首份人工智能伦理问题全球性协议——《人工智能伦理问题建议书》。

联合国教科文组织对科技创新引发的伦理问题表示关切，尤其是对歧视、性别不平等问题非常重视，此外还对打击虚假信息、隐私权、个人数据保护等方面非常关注。显然，行业自律不能避免这些伦理危害，因此《人工智能伦理问题建议书》提供了保障工具，以确保人工智能的发展遵守法律，避免造成危害，并在危害发生时启动问责和补救程序。

1. 政府法律法规的制定与执行

法律是为社会服务的，人工智能技术是为造福人类服务的，因此我国需要制定符合中国国情的人工智能法律制度体系，充分发挥法律对科学研究的正确价值导向作用，严格划定人工智能技术应用的禁区。相比人工智能技术研发者，个体的使用者处于弱势，在提升安全防范意识的同时，国家鼓励检察机关和法律法规规定的组织或者单位，对侵害公民隐私权和个人信息权的商家或者数字平台的数据侵权行为提起公益诉讼，让个体使用者零成本维权。

我国高度重视人工智能发展过程中出现的安全问题。2017年7月，国务院印发的《新一代人工智能发展规划》中明确从法律法规、伦理规范、知识产权、科学普及等方面提出保障措施，要求在大力发展人工智能技术的同时，必须高度重视可能带来的安全风险；要求加强前瞻预防与约束引导，最大限度降低风险，确保人工智能安全、可靠、可控发展。

2021年9月1日起施行的《中华人民共和国数据安全法》，明确了相关主体依法依规开展数据活动、建立健全数据安全管理制度、加强风险监测和及时处置数据安全事件的义务和责任。通过严格规范数据处理活动，切实加强数据安全保护，使广大人民群众在社会数字化发展过程中能够获得更多幸福感、安全感。

2021年9月25日发布的《新一代人工智能伦理规范》，旨在将伦理道德融入人工智能全生命周期，为从事人工智能相关活动的自然人、法人和其他相关机构等提供伦理指引。

2021年11月1日起正式实施的《中华人民共和国个人信息保护法》，从确立个人信息保护原则、规范个人信息处理活动、禁止大数据“杀熟”、规范自动化决策、严格保护敏感个人信息、规范国家机关对个人信息的处理活动、强化个人信息处理者义务、赋予大型网络平台特别义务、规范个人信息跨境流动、健全个人信息保护工作机制等方面奠定了我国网络社会和数字经济的法律之基。

2022年3月1日起正式施行的《互联网信息服务算法推荐管理规定》要求，算法推荐服务提供者应当坚持主流价值导向，积极传播正能量，建立并完善人工干预和用户自主选择机制，不得利用算法实施影响网络舆论、规避监督管理以及垄断和不正当竞争行为。

2022年11月1日起正式实施的《深圳经济特区人工智能产业促进条例》是我国首部人工智能产业专项立法，在人工智能的技术攻关、场景应用、治理体系等方面做出一系列创新性、探索性规定。

2. 对人工智能技术提供商的管理与监督

近年来，生成式人工智能技术快速发展，为经济社会发展带来新机遇的同时，也产生了传播虚假信息、侵害个人信息权益、数据安全和偏见歧视等问题，如何规范生成式人工智能技术发展引起各方关注。国家互联网信息办公室联合国家发展和改革委员会、教育部、科技部、工业和信息化部、公安部、广播电视总局公布了《生成式人工智能服务管理暂行办法》，于2023年8月15日起施行。《生成式人工智能服务管理暂行办法》制定了生成式人工智能服务规范，明确生成式人工智能服务提供者应当采取有效措施防范未成年人用户过度依赖或者沉迷生成式人工智能服务，应按照《互联网信息服务深度合成管理规定》对图片、视频等生成内容进行标识，发现违法内容应当及时采取处置措施等。此外，《生成式人工智能服务管理暂行办法》还规定了安全评估、算法备案、投诉举报等制度，明确了侵权行为的法律责任。

3. 培养公民的人工智能素养

人工智能素养代表的是一种公民适应智能社会的基本能力，即个体适应人工智能时代工作、学习和生活所需的能力。人工智能素养象征着一种综合素质，不仅包括人工智能相关的知识和能力，还包括与人工智能技术使用相关的态度和伦理观念等。当下，我们作为智慧社会发展的受益者，要负责任地使用人工智能技术，在享受人工智能技术发展带来的便利的同时，还要适应人工智能的使用场景，体会人工智能对人类的帮助，接受人工智能改变世界的现实，正确分析人工智能对社会的影响。作为智慧社会消费者的我们在权益受到侵害时，如受到价格歧视，知情权、选择权受到严重侵害，要运用法律武器维护自己的合法权益。

我们应当以对国家的热爱、对法律的敬畏、对伦理道德的尊重为出发点，沿着对民族文化认同的道路去追求科学与创造，在前进的道路上对于出现的如人工智能、脑机接口、量子通信等新技术要做到正确认识、不滥用。

第9章 展望人工智能的未来发展：从现状到未来的蓝图

人工智能技术的迅猛发展已经深刻地改变了我们的生活、生产方式以及工作模式。展望未来，人工智能不仅是推动社会变革的关键力量，更是引领全球科技进步的核心驱动力。通过对人工智能未来发展趋势的分析，我们可以更全面地认识这一技术的潜力。

一、人工智能未来发展趋势

1. 弱人工智能与强人工智能：从专用到通用

自人工智能起步阶段开始，科学家们便梦想着创造出具备类人思维能力的“强人工智能”。然而，目前的人工智能应用多为“弱人工智能”，也被称为“专用人工智能”。这些系统往往专注于某一特定任务，只能在预定领域中工作，无法跨领域应用。

例如，用于天气预报的人工智能无法用于股市预测，自动驾驶系统无法用于肿瘤诊断。即便如此，弱人工智能仍在许多任务中表现出了超越人类的优势——它能够高效处理海量数据，识别出其中的规律和模式。

现阶段，弱人工智能已经取得了显著进展，它的技术发展为强人工智能的实现奠定了基础。然而，强人工智能——一种能够像人类一样灵活应对多领域任务的智能系统，仍是科幻小说中的主题，离实现还需要一段时间。

2. 人机协同智能：增强人类认知能力

虽然人工智能在许多专业领域，如大数据分析、图像识别等方面表现出色，但在一些任务上，如价值判断、情感理解和自主学习方面，它仍然不如人类。因此，未来的人工智能将更多地集中于与人类协同工作——这一趋势被称为“增强智能”。研究者正在探索如何通过人工智能来增强人类的认知能力，让人机协同达到最优效果。

在未来，可能通过群体智能的结合来解决许多复杂问题。人工智能负责处理庞大的数据集并发现其中的规律，而人类则提供创造性思维和情感智慧。两者的结合将使智能系统不仅能解决技术问题，还能灵活应对社会生活中的多维度挑战。

二、人工智能：第四次工业革命的核心驱动力

1. 人工智能与工业4.0

人工智能被广泛认为是推动第四次工业革命的核心技术之一。工业4.0技术包括了3D打印、无人驾驶、量子计算、纳米技术、机器人、物联网等一系列前沿技术，而这些技术都依赖于人工智能的支持。在社会生活中，从制造业到金融、交通、医疗等领域，人工智能都在发挥着巨大的作用，它的介入对提高生产效率、优化服务质量和降低成本等方面有着显著贡献。

然而，人工智能的广泛应用也不可避免地带来了社会结构的变化，尤其是在就业结构方面。虽然许多传统职业可能会因为自动化而消失，但与此同时，新兴的高技能职业也将涌现。预计到2030年，全球约30%的工作可以实现自动化，届时大约有3.75亿劳动者将面临职业转换的压力。这一转变不仅影响蓝领工人，也会波及白领岗位，特别是金融、法律、教育等领域。

未来的工作将更多地依赖创造力、分析能力以及人机互动。在人工智能技术快速发展的背景下，提升现有技能和进行再培训变得尤为重要。只有通过不断学习和提升，才能在未来的智能社会中找到立足点。

2. 国家战略引领人工智能发展

为了抓住人工智能带来的机遇，我国政府发布了《新一代人工智能发展规划》，规划了大数据智能、跨媒体智能、人机混合增强智能、群体智能等多个前沿领域的发展。同时，规划也强调了人工智能发展中的潜在风险，尤其是对就业市场的冲击以及隐私保护等问题，并提出了减轻负面影响的应对措施。

总的来说，人工智能的未来发展，将在继续推动经济和社会变革的同时，带来前所未有的机遇与挑战。尽管从当前的弱人工智能到强人工智能的过渡仍需时日，但未来的人工智能无疑将成为全球科技发展的核心驱动力。我们需要以开放和审慎的态度拥抱这一技术变革，同时也要做好面对一系列问题的准备，确保人工智能能够为人类带来更加美好的明天。

出 版 人：马　力
总 策 划：马　力
责任编辑：刘　婷
装帧设计：王占梅
责任校对：陈浩苏
责任印制：常　凯

JIESUO AI AOMI
QINGSHAONIAN DE QIZHI ZHILÜ

图书在版编目（CIP）数据

解锁 AI 奥秘：青少年的启智之旅 / 马玉娟，冯越，陶祥明著．-- 保定：河北大学出版社，2025．4．
ISBN 978-7-5666-2621-9

Ⅰ．TP18-49

中国国家版本馆 CIP 数据核字第 202571XF74 号

出版发行：河北大学出版社
地址：河北省保定市七一东路2666号　邮编：071000
电话：0312-5073003　0312-5073029
网址：www.hbdxcbs.com
邮箱：hbdxcbs@163.com
经　　销：全国新华书店
印　　刷：保定市正大印刷有限公司
幅面尺寸：148 mm × 210 mm
字　　数：100千字
印　　张：4.25
版　　次：2025年4月第1版
印　　次：2025年4月第1次印刷
书　　号：ISBN 978-7-5666-2621-9
定　　价：46.00 元